エネルギーから見た
宇宙のしくみ

鹿児島大学名誉教授
平田好洋

南方新社

目次

＜補遺＞

第１章 宇宙モデルの考え方

１−１ はじめに

　著者はセラミックス材料科学者として、３８年間、国立大学で教育・研究に従事してきた。退職後、若い頃買い込んだ外国教科書を毎日、２年間読む機会に恵まれた。在職中より、知識は増えた。その中で、本棚に置いていた岩波新書、佐藤勝彦氏の「宇宙論入門」（２００８年）も読んだ。専門外の著者には、大きな感銘を覚えた。ただ、全体の話がうまく１本の糸につながらない、もどかしさが残った。話の流れのところどころに、理解しづらいところがあった。それは、この分野が未だ、挑戦に値する内容を含んでいることを示唆していると思った。自分なりに理解しようとする気持ちが生まれた。この分野の知識に乏しい著者であるが、その時別途、セラミックスの熱伝導度についての論文を執筆中であった。本書と密接な関係にあり、専門学術雑誌には未発表である。本書の後ろに添付する。そこには、著者にとって興味深い内容が含まれていた。他研究者の文献も調査してみたが、十分な理論的背景は示されていなかった。それで著者なりに熱伝導度の理論的解析を行った。熱伝導度の現象は見方を変えると、宇宙の誕生と類似していると感じた。わずかな現象の類似であったが、熱伝導度モデルを宇宙論の場へ適用してみようと思った。楽しくて、楽しくて、毎日没頭した。そして、自分なりの宇宙概念がほぼ出来上がった。

　佐藤氏の宇宙論入門の内容を定量的に説明できることが分かったため、本書の出版に至った。一方、これまでとは全く異なる発想の下にモデル化したことで、それなりに宇宙の誕生や成長を説明できることも分かった。それらの内容を記述しておくことも１つの価値があろうかと思い、本書を執筆することにした。本書の科学的内容の説明には、いくつかの式を用いている。読破には、少々、難儀されるかもしれない。ただし、著者の知性の許す限り、その式の内容を注釈する。本書を楽しんでもらえれば、

本望である。

1－2 熱伝導度モデル

図1のような立方体を考え、左側から熱エネルギーが入る。その熱流束を I (J/sm²) とする。試料内部の温度分布（dT/dL：図中の温度曲線の微分値）と I は（1－1）式で関係づけられる。

$$I = -\kappa \frac{dT}{dL} \tag{1-1}$$

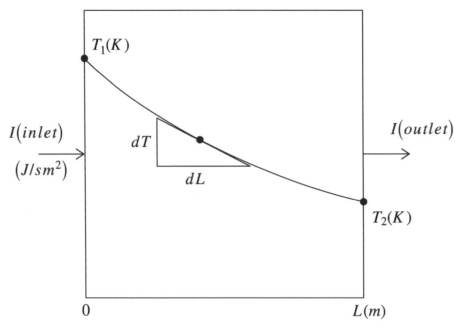

図1　立方体中の温度分布

ここで κ (J/smK)は熱伝導度で、この値が小さいと熱エネルギーの入口(T_1)と出口(T_2)の温度差が大きくなる。真空の熱伝導度は0であるため、熱エネルギーが伝わらない。一方、金属のような電子伝導度が大きいと、T_1 と T_2 の差は小さくなる。κ の大小が $\Delta T(=T_1-T_2)$ の大きさを支配している。（1－1）式の κ は2つの値の積であり、（1－2）式で示される。

$$\kappa = C_v \alpha \tag{1-2}$$

C_vは定積比熱 (J/m^3K)で熱エネルギーの貯蔵能力を示す。αは熱拡散率 (m^2/s)で、材料に入ったエネルギーを伝える能力を示している。このκと C_v の温度変化を測定すると、図2のようなグラフとなる。

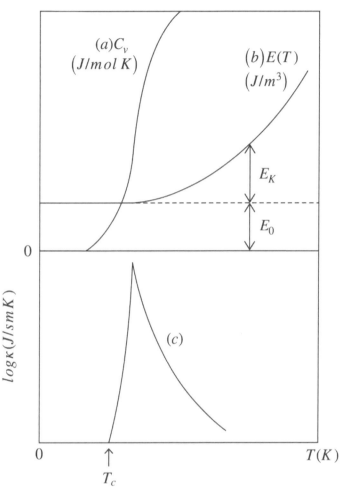

図2 (a)定積比熱 (Cv)，(b)エネルギー密度 (E(T)) 及び (c)
熱伝導度(κ)の温度依存性

C_vはアインシュタインとデバイにより理論的に解釈されている。E(T)は単位体積中に入る熱エネルギー量 (J/m^3)で、C_v を 0(K)-T(K) の温度域で積分すると求められる。この E(T)は図中の E_0 (0点エネルギー、ポテンシャルエネルギーのこと)と E_K (運動エネルギー) の和である。T=0K で運動エネルギーは0となるが、E_0は一定の値をとる。T=0K で格子振動と呼ばれる熱運動の振動子（フォノン）が冬眠に入るが、E_0 は冬眠中のフォノンの基礎代謝エネルギーに相当する。一方、κ は (c) に示すように、

ある温度以下ではほとんど０で、T_c（臨界温度）以上で急峻に増大する。そのため、log スケールで表示してある。著者はこの C_v, $E(T)$, κ の間に存在する関係式を添付論文で誘導した。（１－３）式に示す。

$$I = E_K v = -\left(\frac{2mvC_v}{3\rho s}\right)\frac{dT}{dL} = -\kappa\frac{dT}{dL} \tag{1-3}$$

m は構成原子の質量 (kg)、ρ は固体の密度 (kg/m^3)、s は構成原子の断面積 (m^2)、v (m/s)は格子振動（フォノン）の移動速度である。（１－３）式より、格子振動により輸送される運動エネルギーと κ は それぞれ、（１－４）式と（１－５）式で与えられる。

$$E_K = -\left(\frac{2mC_v}{3\rho s}\right)\frac{dT}{dL} \tag{1-4}$$

$$\kappa = \frac{2mvC_v}{3\rho s} \tag{1-5}$$

途中の式誘導を省略するが、$I = (1/2)\ \rho v^3$, $dE = C_v dT$ の関係を利用すると、κ は（１－６）式で与えられる。

$$\kappa = \frac{mv^3}{3s}\frac{C_v}{E_K} \tag{1-6}$$

図２の C_v と E_K の比を T に対してプロットすると、図２(c)の κ と同様な温度特性が示された。C_v/E_K 比は 1/K の単位を持ち、$(\kappa/\alpha)(1/E_K)$ の積に対応している。（１－６）式の $mv^3/3s$ は J/sm の単位を持ち、材料 1m および 1s あたりに輸送されるエネルギー量を示している。著者は図２の関係をポテンシャルエネルギーと関係づけて解釈した。図３中の E_K は T=0 K で E_p に変わり、y 軸上に位置している。この E_p が y 軸上を低下してくると、低下分のエネルギーは E_K として材料中に放出され、温度を上昇させる。単位体積当たりの E_K(J)と T(K)は $E_K = k_B T$（k_B：ボルツマン定数、1.38064 x 10^{-23} J/K）の関係式で結ばれている。

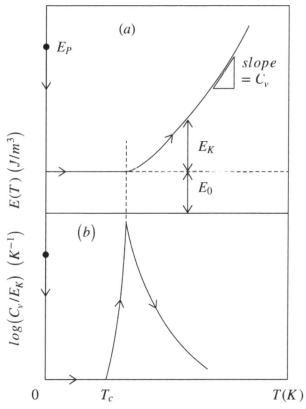

図3 (a)エネルギー密度(E(T))と(b)C_V/E_K比の関係
E_P: ポテンシャルエネルギー E_K: 運動エネルギー

　低い温度では、C_VとE_Kがほとんど0であり、輸送されるエネルギーはほとんどない。そのため、κの値は0に近い値になる。E_Pがさらに低下すると、E_Kへ変換されるエネルギー量が徐々に増加する。温度がT_cに達すると、E_Kの増加速度が著しく大きくなる。その時、図2(a)に示されるようにC_Vの増加速度はE_Kの増加速度を上回っている。そのため、C_V/E_K比は著しい増加を示す。一方、C_V/E_K比の変化は、さらに高温で低下に転ずる。高温では、フォノン－フォノンの衝突やフォノン－電子、フォノン－粒界、フォノン－格子欠陥、の相互作用が大きくなる。そのため、フォノンの進行速度が遅くなり、熱伝導度の低下を引き起こす。以上が、著者による熱伝導度の温度依存性の説明である。このモデルを宇宙生成のモデルへ拡張することにした。

1－3　宇宙の熱伝導度

　T＝0K 付近の宇宙の熱伝導度を考える。宇宙の構造については不明であるが、

図1のような立方体をイメージし、その中でのエネルギー伝播速度を光の速度と考える（C: 光速度、2.99792 x 10^8 m/s）。（1－6）式のvをCに変えることに対応している。また、エネルギーを伝える面積を図1の立方体の1面の面積 (L^2) とする。アインシュタインによると、物質の質量 (M)はエネルギーと等価であり、（1－7）式で与えられる。

$$MC^2 = E_K V \tag{1-7}$$

M は宇宙の質量であり、E_K は宇宙のエネルギー密度(J/m^3)であり、V は宇宙の体積である($=L^3$)。以上をまとめると、宇宙の熱伝導度は（1－8）式で与えられる。（1－8）式は、熱伝導度の基礎式に合致する。

$$\kappa = \frac{MC^2}{3s}\frac{CC_v}{E_K} = \frac{CC_v}{3L^2} V = C_v\left(\frac{CL}{3}\right) = C_v\alpha \tag{1-8}$$

また、立方体宇宙の中心部から噴出するエネルギー (I) は（1－3）式より、次式で示される。

$$I = -\alpha\frac{dE_K}{dL} = -\frac{CL}{3}\frac{dE_K}{dL} \tag{1-9}$$

輸送されるエネルギー密度(E_K)は（1－4）式より、（1－10）式で示される。

$$E_K = -\frac{2L}{3}\frac{dE_K}{dL} \tag{1-10}$$

（1－9）式は L=0（すなわち、α =0）のとき、または宇宙のエネルギー分布 (dE_K/dL) が均一な時、宇宙中心からのポテンシャルエネルギーは噴出しないことを示している。すなわち、（1－8）式よりκは0となる。次章で（1－10）式を用いて、宇宙の膨張を考察する。

第２章 宇宙の膨張

　宇宙のエネルギー密度は（１－１０）式で与えられる。これを時間で微分すると、エネルギー密度の時間変化がわかる。

$$\frac{dE_K}{dt} = -\frac{2}{3}\left\{\frac{dL}{dt}\frac{dE_K}{dL} + L\frac{d}{dt}\left(\frac{dE_K}{dL}\right)\right\} \tag{2-1}$$

　L は宇宙のサイズ、dL/dt は宇宙サイズの時間変化、dE_K/dL は宇宙のエネルギー密度分布を示す。宇宙のエネルギー密度が時間によらず一定の条件は、$dE_K/dt = 0$ である。これを（２－１）式に適用すると、次式の関係が得られる。

$$-\frac{dL}{dt}\frac{dE_K}{dL} = L\frac{d}{dt}\left(\frac{dE_K}{dL}\right) \tag{2-2}$$

　熱エネルギーは高い温度から低い温度へ流れるので、dE_K/dL は負の値である（図１参照）。もし、宇宙が膨張しているのであれば(dL/dt＞0)、$d(dE_K/dL)/dt$ は正となる。すなわち、エネルギー密度分布は時間とともに小さくなることを意味する。もし、宇宙が収縮しているのであれば(dL/dt＜0)、$d(dE_K/dL)/dt$ は負となり、宇宙のエネルギー密度分布は増加していることになる。以上の２つの条件は図４に示す E_P と E_K のせめぎあいで説明される。

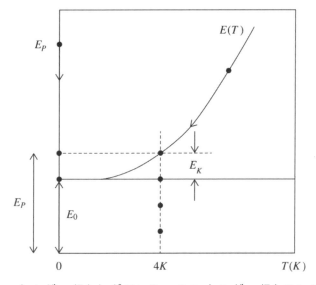

図４　運動エネルギー(E_K)とポテンシャルエネルギー(E_P)のしのぎあい

11

y 軸はポテンシャルエネルギー (E_P) の大きさを意味し、宇宙の中心に存在していると考えてよい。$E_P < E_K$ の時には、E_K は図4の E(T)カーブに沿って E_0 を経由して E_P へ戻っていく。一方、$E_P > E_K$ の時には、E_P エネルギーが E_0 を通過して E_K を増加させる。$E_P = E_K$ の時には、エネルギーの移動は起きない。エネルギーの移動について、熱伝導度の式を用いて考察する。

宇宙のκは（1－8）式を変形した（2－3）式で与えられる。

$$\kappa(J/smK) = \left(\frac{CLE_K}{3}\right)\left(\frac{C_v}{E_K}\right) = \kappa_P\left(\frac{C_v}{E_K}\right) \tag{2-3}$$

κ_Pは$(1/3)CLE_K$ に対応して、J/sm の単位を有している。宇宙 1m、1s あたりに放出されるポテンシャルエネルギー（図4の T= 0 K での E_P）を表す。すなわち、（2－3）式は、ポテンシャルエネルギーの放出速度(κ_P)と運動エネルギーの移動速度(κ)の関係が、C_v/E_K比(1/K の単位)で結ばれていることを示している。$E_K / C_v (=T)$がその時の宇宙の温度である。E_P と E_K が平衡状態に達すると、（2－4）式が成立する。

$$\frac{\kappa_P}{\kappa} = \frac{E_K}{C_v} = T_e \tag{2-4}$$

T_eは両エネルギーの平衡温度である。現在の宇宙の温度は4K程度である。これを T_e と考えると、（2－4）式より$\kappa_P = 4\kappa$ が導かれ、次式が成立する。

$$\frac{\kappa T_e}{\kappa_P + \kappa T_e} = \frac{4\kappa}{4\kappa + 4\kappa} = \frac{1}{2} = \frac{(E_K + E_0)}{E_P + (E_K + E_0)} \tag{2-5}$$

この関係を図4に示した。E_Pと E_Kは E_0を活用して、バランスしていることになる。したがって現在の宇宙は（2－2）式より、$dE_K/dt \sim 0, \quad dL/dt > 0, d(dE_K/dL)/dt > 0$ の状態に近いと言える。また、宇宙のサイズについては、（1－10）式と図1より次式が得られる。

$$\int_{E_{K1}}^{E_{K2}} \frac{1}{E_K} dE_K = -\frac{3}{2}\int_{L_1}^{L_2} \frac{1}{L} dL \tag{2-6}$$

積分した形は（2－7）式となる。

$$\left(\frac{E_{K2}}{E_{K1}}\right)^2 = \left(\frac{L_1}{L_2}\right)^3 \tag{2-7}$$

E_{K1} から E_{K2} へ運動エネルギーが減少すると（宇宙の温度が低下すると）、宇宙の大きさは L_1 から L_2 へ大きくなる。

大きさは L_1 から L_2 へ大きくなる。

第3章 宇宙のサイズと時間

　宇宙のサイズと時間を測ることを討議する。（1－8）式は宇宙の熱拡散率(α)を示す式であり、αは$\mathrm{m^2/s}$の単位を持ち、C とL に関係する。（1－8）式を（3－1）式のように変形する。

$$\frac{3\alpha t}{t} = CL \tag{3-1}$$

（3－1）式の αt は宇宙の表面積（$\mathrm{A, m^2}$）に対応する。（3－1）式を時間で微分すると、宇宙の形とサイズの2つの変化が現れる。

$$3\frac{dA}{dt} = C\left(L + t\frac{dL}{dt}\right) = C(L + tv) \tag{3-2}$$

（3－2）式において、$dL/dt = v\,(\mathrm{m/s})$は宇宙の膨張速度を示し、$dA/dt$ は$dA/dt = (dL/dt)$ $(dA/dL) = v\,r$ として表現される。$dA/dL = r$ は曲率と呼ばれ、平面では0、凸面では正、凹面では負の値をとる。（3－2）式から求められる時間 (t)は（3－3）式で示されるように宇宙表面の曲率の影響を受ける。

$$t = 3\frac{r}{C} - \frac{L}{v} \tag{3-3}$$

　$r = 0$ での時間を平面での時間 $t_0\,(= L/v)$とする（ユークリッド幾何学）。宇宙空間で測定する時間は、地球の3次元空間で測定する時間(t_0)と（3－4）式の関係にある。

　$r > 0$ の時

$$t = -\left(t_0 - \frac{3}{C}|r|\right) \tag{3-4-1}$$

　$r < 0$ の時。

$$t = -\left(t_0 + \frac{3}{C}|r|\right) \tag{3-4-2}$$

　図5に宇宙空間と時間の関係を示す。(+x)-(+)y 直交平面で測定した時間(t_0)に比べて、正の宇宙曲面上では時間の進みが早くなる。一方、(-x)-(-y)面上の凹面では、時間

の進みが遅くなる。宇宙での時間は、膨張する宇宙曲面先端を時間の起点 (t=0) に取り、それに対しての遅れの時間を（3－4－1）式で示している。すなわち、宇宙時間は宇宙の形状と密接に関係している。

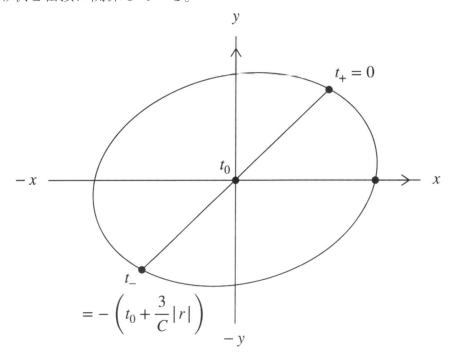

図5 宇宙の形状と時間の関係

平面での時間推移を考える。（3－3）式で t=0 とおくと、平面での dA/dL は（3－5）式で示される。

$$\frac{dA}{dL} = \frac{CL}{3v} = \frac{C}{3}t_0 \qquad (3\text{-}5)$$

A を 0-A 、L を 0-L の範囲で積分すると、（3－6）式を得る。

$$\frac{A}{L} = \frac{1}{3}Ct_0 \equiv L_e \qquad (3\text{-}6)$$

L_e は A/L に対応し、形状の効果を含んだ宇宙のサイズとみなせる。この L_e は光速度と地球時間との積で表現される。言い換えると、（3－6）式は時間と宇宙サイズの変換を示す式と理解される。t_0 が t_{o1}（基準時間）のときの長さを L_{e1}（基準長さ）とする。L_{e1} は $(1/3)Ct_{o1}$ となる。t_0 が t_{o2} (=2 t_{o1})になった時の L_e を L_{e2} とする (L_{e2} = $(1/3)Ct_{o2}$)。L_{e2} を L_{e1} と t_{o1} で表現するとどうなるであろうか。それは、L_{e2} = $(1/3)Ct_{o2}$ =

15

$(L_{e1}/t_{o1})t_{o2} = (L_{e1}/t_{o1})2t_{o1} = 6L_{e1}^2/Ct_{o1}$ となる。同様に t_{o1} を t_{o6} まで増加した時の L_e の長さを表１に示す。

表１　時間の進行に伴うサイズの変化

t	0	t_{01}	t_{02}	t_{03}	t_{04}	t_{05}	t_{06}
L_e	0	L_{e1}	L_{e2}	L_{e3}	L_{e4}	L_{e5}	L_{e6}
L_e	0	L_{e1}	$\dfrac{6L_{e1}^2}{Ct_{01}}$	$\dfrac{27L_{e1}^3}{(Ct_{01})^2}$	$\dfrac{108L_{e1}^4}{(Ct_{01})^3}$	$\dfrac{405L_{e1}^5}{(Ct_{01})^4}$	$\dfrac{1458L_{e1}^6}{(Ct_{01})^5}$
$\dfrac{t_0}{t_{01}}(=n)$	0	1	2	3	4	5	6
α_n	0	1	6	27	108	405	1458

L_{e1} と t_{o1} で表示したときの L_e の一般形は（３－７）式で与えられる。

$$L_e = \frac{1}{3}Ct_0 = \alpha_n Ct_{01}\left(\frac{L_{e1}}{Ct_{01}}\right)^n$$
$$= \left[\frac{(1/3)}{(1/3)^n}\frac{t_0}{t_{01}}\right]Ct_{01}\left(\frac{1}{3}\right)^n \qquad (t_0 = 3t_{01}\alpha_n(1/3)^n) \tag{3-7}$$

L_e は基準時間の L_{e1} と Ct_{o1} の繰り返し回数（次元）を含むことがわかる。すなわち L_e の次元が宇宙の形状を示し、その形状は時間とともに変化していく。L_{e1} と t_{o1} の基準値をともに１に選ぶと、L_e は通常観察される$(1/3)Ct_0$ と表示できる。長さ L_e には、このような形状変化を示す内容が含まれており、基準値 （L_{e1}, t_{o1}）に注目することによって、はじめてその姿が見えてくる。 n=0 は０次元の球、n=1 は１次元の長さ、n=2 は２次元の平面、n=3 は３次元の空間に相当する。すなわち、基準値に対する時間の繰り返し単位が次元となる。（３－７）式を使うと時間の進行に伴う多次元の形状を表示することができる。例を表２に示す。３次元は３角形、４次元は４角形、５次元は５角形と理解される。タイプ１のように L_{e1} を１か所に集めて、そのベクトルの先端を結ぶと様々な形状が現れてくる。

表2　時間の変化に伴う長さの形状変化

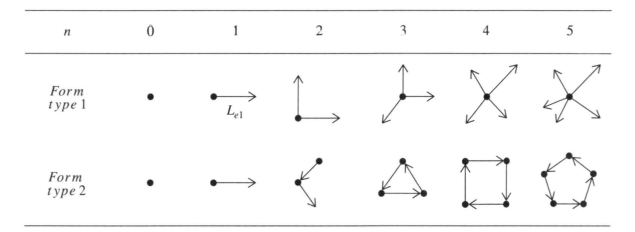

n	0	1	2	3	4	5
Form type 1	●	L_{e1}				
Form type 2	●					

　無限大の次元では、タイプ2で考えると円となる。タイプ1で考えると球になる。このように、宇宙の形状は時間とともに刻々と変化している。これが生きている宇宙の姿である。心臓の形が時間とともに変化していることと似ている。

17

第４章 宇宙の温度と時間

　宇宙の運動エネルギー密度(E_K, J/m³)は、（1－10）式で示される。宇宙の体積を V とすると、エネルギー密度と温度の関係は、$E_K V = k_B T$ で与えられる。k_B/V は、宇宙の定積比熱 C_v に等しい。この関係を（1－10）式に適用し、L を一般化した L_e で表現すると（4－1）式が得られる。

$$E_K V = k_B T = -\frac{2}{3} L_e V \frac{dE_K}{dL_e} = -\frac{2}{3} L_e k_B \frac{dT}{dL_e} \tag{4-1}$$

（4－1）式と（3－7）式を利用すると、（4－2）式を得る。

$$T = -\frac{2}{3} t_0 \frac{dT}{dt_0} \tag{4-2}$$

（4－2）式は宇宙の温度と時間の関係を示している。これを(T_1, t_1)と (T_2, t_2)の間で積分すると（4－3）式となる。

$$\frac{T_2}{T_1} = T_r = \sqrt{\left(\frac{t_1}{t_2}\right)^3} = \sqrt{\left(\frac{1}{t_r}\right)^3} \tag{4-3}$$

（4－3）式で T_r は T_2/T_1 比、t_r は t_2/t_1 比を示す。（4－3）式を図6に示す。

（4－3）式を注意深く見ると、t>0 の T（A カーブ）と t<0 の －T（B カーブ）の2つの値が許され、両時間に対して T_r と t_r はいずれも正の値となる。

　図6には2つの曲線を示している。（4－3）式は、時間 t_r = 0 で T_r は非常に大きな値となることがわかる。さて、現在の宇宙はどの時刻に対応しているのであろうか。現宇宙の温度は4K と低いことから、A カーブでは t_2、B カーブでは$-t_2$ のところに位置していると考えるのが妥当であろうか。B カーブの温度のマイナス記号を取り払い、正の温度域にプロットすると C カーブとなり、我々の感覚で理解しやすくなる。A と C の両カーブで時間をさかのぼっていくと、時間0でT が大きくなっていく。宇宙誕生の時刻をどこに設定するべきかが、重要な問題となる。2つの可能性がある。t = 0

を宇宙起点の時刻とすると、宇宙温度は A と C の両カーブで徐々に低下してきたことになる。一方、図 6 の時間を図 5 の時間と比較すると、次のことが言える。

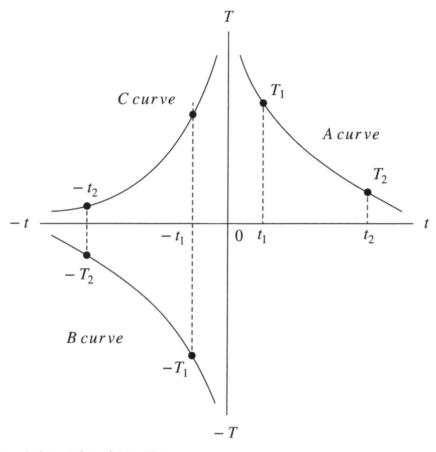

図 6　宇宙の温度と時間の関係

　図 5 の t_0 の時刻が地球時間である。宇宙の起点の時刻は 0 のはずである。すなわち、図 6 の y 軸が t = 0 に対応し、地球時刻は−3r/C (s) 遅いはずである（（3−4−1）式参照）。このことは、図 6 で地球時刻を＋t_2 の位置にプロットすることと矛盾する。また、図 6 の t が 0 に近いところでの、高い T（大きな運動エネルギー）はどのように供給されたのかが、不明である。一方、t=0 を宇宙の起点と考えると、現在の宇宙時刻は−t_2 ということになる。しかし、本来の B カーブで見ると、−t_1 の−T_1 に対して、−t_2 の−T_2 は高い温度である。すなわち、宇宙誕生は非常に低い温度で起こり、時間とともに温度が上昇していることになる。この場合、その温度上昇をもたらしているエネルギーはどこから供給されているのかが不明である。第 3 章で議論したよう

に、現在の宇宙は膨張の中にあると考えられ、エネルギー密度分布の時間微分は正となっている。したがって、現在の宇宙時刻を$+t_2$、あるいは$-t_2$にプロットすることはできない。このことは宇宙の起点時刻を $t = 0$ に設定することはできないことを意味する。宇宙の起点時刻については、第 6 章で議論する。その前に、次章で光の本質について議論する。

第５章 光子と光波

　この章から光と時間の関係を議論するが、光にはアインシュタインにより、波としての性質と粒子としての性質の２面性がある。光のポテンシャルエネルギーは量子化されていることも明らかとなった。量子化とは、ビルの各階にそれぞれ住人が居住していることに対応している。光の場合、各階の住人数に制限はない。ここでは、各階に１個ずつの光子が配置されているとする。このようなビルの中に住む光子について考える。

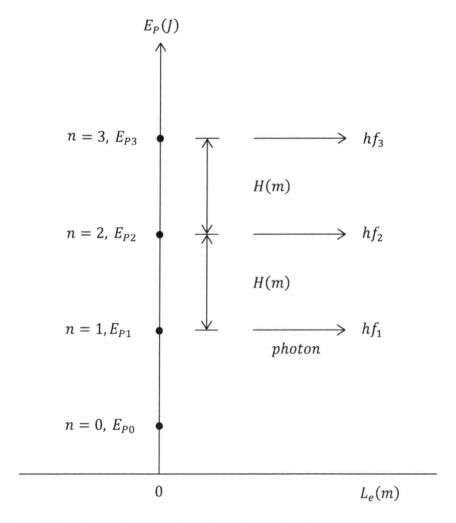

図7　光子のポテンシャルエネルギーと光波の関係

図7のビルの階数を n、そこに居住する光子１個のエネルギーを E_P(J)、フロアー間の間隔を H(m)とする。各階の光子は、長さ L_e(m)の宇宙空間内に波として出入りできる。１つの光子が１つの波に変化して移動するときの運動エネルギーは、E_K= hf (f：振動数、1/s)で与えられる。すなわち、フロアーの階数 n により f は異なる。h はプランクの定数である（h: 6.62607 x 10^{-34} Js）。この光波がビルへ戻ってくると質量をもつ光子へ変化する。その質量を m (kg)とすると、光波のエネルギーと光子のエネルギーは等しく、（５－１）式で示される。

$$E_K = hf = mC^2 \tag{5-1}$$

一方、ビル中の質量をもつ光子の間には重力が作用している（g：加速度）。２階と１階の光子のポテンシャルエネルギー差は（５－２）式で与えられる。

$$\Delta E_P = E_{P2} - E_{P1} = mg(2H) - mg(H) = mgH \tag{5-2}$$

（５－２）式のポテンシャルエネルギーは光子が波として放出されるときの運動エネルギーに等しく、（５－１）式＝（５－２）式とおける。この等式より、ビルのフロアー間の距離 H は、（５－３）式の g と C に関連付けられる。

$$H = \frac{C^2}{g} \tag{5-3}$$

すなわち、ビル中の光子ー光子間距離は、そこの加速度(g)に逆比例する。地球の標準加速度、g_1=9.80665 m/s^2 と光速度、2.99792 x 10^8 m/s の値を（５－３）式に代入すると、H (particle) = 9.16475 x 10^{15} m となる。一方、１光子が光波として１年間に x, y, z の３方向に飛ぶ距離は、(３－６)式を利用して次のように計算される。3L_e(wave)= (2.99792 x 10^8 m/s)(1s)(60s/min)(60min/h)(24h/d)(365d/y)= 9.45425 x 10^{15} m となる。すなわち、H (particle)～3L_e(wave)であり、光子と光波はほぼ同一のエネルギーを有していると言える（光の２面性）。また、H は g の大小により変化することになる。H_2=1m とする。ビルフロアー間の距離を 9.16475 x 10^{15} m (H_1)から 1 m (H_2)へ縮めると、g_1 は（５－３）式により以下のように変化する。

$$g_2 = g_1 \left(\frac{H_1}{H_2}\right) = g_1(9.16475 \ x \ 10^{15}) \tag{5-4}$$

（5－4）式は大きな重力下(g_2)では、光の進行距離 (H_2)は著しく短くなることを示している。前述のように H (particle) と 3L$_e$ (wave)は厳密には一致していない。この理由については、１２章で説明する。

第６章 宇宙誕生機構

　第４章で宇宙起点の時刻をどのように設定するかは、難しい課題であることを指摘した。同時に宇宙生成のエネルギー（運動エネルギー）をどのように考えるかも、はっきりしないことを示した。ここでは、この２つのことを同時に説明する機構を提示する。その本質は図７にある。光波として移動する光のエネルギー(E_K)と温度は次の関係にある。

$$E_K = n(k_B T) = n(hf_n) \tag{6-1}$$

　１つの光波 f_n に対する温度が T として示してある。図８の横軸に $nT = n\,(hf_n/k_B)$ をプロットする。縦軸のビルの階数(n)に応じて、f_n は f_1, f_2, f_3 と順次大きくなる。

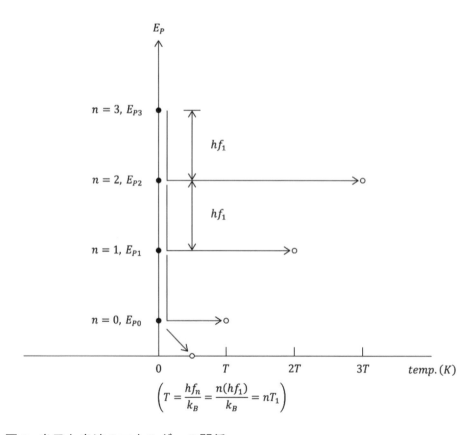

図８　光子と光波のエネルギーの関係

1階の f_1 を基準に取ると、$T = hf_n/k_B = h(nf_1)/k_B = n(hf_1/k_B) = nT_{K1}$ となる。T_{K1} は f_1 に対応する温度であり、T は T_{K1} で量子化されている。したがって、図8の横軸の nT は $n^2 T_{K1}$ となる。縦軸は光子のポテンシャルエネルギーを示しており、その大きさは、1つの光子に対して、$E_{Pn} = ((1/2) + n) hf_n$ で与えられる。ビルの階数 n に対する f_n は nf_1 である。したがって、縦軸の E_{Pn} は $E_{Pn} = ((1/2) + n) hf_n = ((1/2) + n) h(nf_1) = ((1/2) + n) n(hf_1) = (1/2) nhf_1 + n^2 hf_1$ で与えられる。1つの光波について、E_{Pn} と E_{Kn} の差 $(= \Delta E)$ は（6－2）式で与えられる。

$$E_{Pn} - E_{Kn} = \Delta E = \left(\frac{1}{2} + n\right) hf_n - nTk_B = \left(\frac{1}{2} + n\right) hf_n - nhf_n$$
$$= \frac{1}{2} hf_n = \frac{1}{2} h(nf_1) \tag{6-2}$$

この差 ΔE は $T = 0 K$ での0点エネルギーに相当する。（6－2）式の重要な点は、任意の n に対する光子のエネルギーE_P は、常に同じ n を持つ光波の運動エネルギーE_K より大きく、その差は正である、ことである。n=1 では、$E_{K1} = E_{P1} - (1/2) hf_1$ となる。n=2 では、$E_{K2} = E_{P2} - hf_1$ となる。n=3 では、$E_{K3} = E_{P3} - (3/2)hf_1$ となる。このことを図8に示す。

図8の n=0 の光子は、$(1/2) hf_0$ の E_P を有している。そのエネルギーは、エネルギー保存則 $(E_P + E_K = (1/2) hf_0)$ を満足しつつ、図8の温度傾斜を利用して E_K へ変化する。それにより、$E_K = (1/2) k_B T = (1/2) hf_0$ の運動エネルギーを得る。n=0 の光子は運動エネルギーを得るものの、その値は0点エネルギーに対応している。したがって、宇宙空間を移動することはできないことになる。n=0 の光子が光波へ変わると、本来の n=0 の E_P エネルギーに空孔が生じる。y 軸上の光子は光波ではないため、y 軸の上下の移動は自由にできるが、x 軸への移動は運動エネルギー（温度）を持つ光波へ変換されねばならない。n=1 の光子が n=0 の E_P 位置に入ると、hf_1 に相当するエネルギーが光波に変換され宇宙空間へ旅立つ。すなわち、n=0 の光子の光波への変換が、宇宙の始まりで、その時、宇宙は時間と空間を得たことになる。E_P はエネルギーであり、エネ

ルギーと T は k_B で結合されている。すなわち、T は空間、時間がなくても許される物理量である。T=0 K は $E_K=0$ を意味し、時間、空間が許されないエネルギー状態といえる。しかし、図8に見られるように、n=0 に対する E_{P0} の値は0ではなく、この値に対するポテンシャルエネルギーの温度が y 軸上に存在している。

　さて、n が1以上では、光子はその下の階へ移動して、光波として宇宙空間へ飛び出していく。同時に宇宙空間の温度は光波数に比例して増加していく。

第7章 宇宙の成長とエネルギー噴出のブレーキ

　前章で宇宙誕生が n=0 の光子の光波への変化に対応していることを述べた。その後の宇宙の温度上昇について説明する。光子のポテンシャルエネルギーE_P は（６－２）式の中に示してあるが、$((1/2)+n) hf_n$ で与えられる。n が１以上の１つの光子が図８の光波に変わるときのポテンシャルエネルギー差は、（７－１）式で示され、光波のエネルギーE_K に等しい。

$$\Delta E_P = \left(\frac{1}{2} + n\right) hf_n - hf_1 = E_K \tag{7-1}$$

　f_n は基準振動数 f_1 と $f_n = nf_1$ の関係にあり、ΔE_P は f_1 を用いて（７－２）式のように示すことができる。

$$\Delta E_P = E_K = \left(\frac{1}{2} + n\right) h(nf_1) - hf_1 = \frac{1}{2}hnf_1 + (n^2 - 1)hf_1 \tag{7-2}$$
$$= E_{K0} + E_{Kn}$$

　$E_{K0}(=(1/2)n h f_1)$は T=0 K での E_K の０点エネルギー（凍結されているエネルギー）であり、$E_{Kn} (= (n^2-1) h f_1)$が光波に変換されたエネルギーを示す。図９に$(E_K - E_{K0})$と n の関係（（７－３）式）を示す。

$$E_K - E_{K0} = (n^2 - 1)hf_1 \tag{7-3}$$

　n=1 では、自由に飛び回る光波のエネルギーは０である。n=2, 3, 4 と大きくなると、放出されるエネルギーは $(n^2\text{-}1)$ に比例して増加する。図８に示したエネルギー準位にある光子たちが、それぞれの１段下のポテンシャルエネルギーの高さから次々に自由空間（宇宙）へ旅立ち、それに伴い宇宙の温度は上昇する。（７－３）式を温度の形で表現してみる。

　（７－３）式は温度と（７－４）式で結ばれる。

$$T_K = \frac{(n^2 - 1)hf_1}{k_B} = \frac{(n^2 - 1)h}{k_B}\left(\frac{c}{\lambda_1}\right) = \frac{(n^2 - 1)h}{k_B}\left(\frac{1}{t_{01}}\right) \tag{7-4}$$

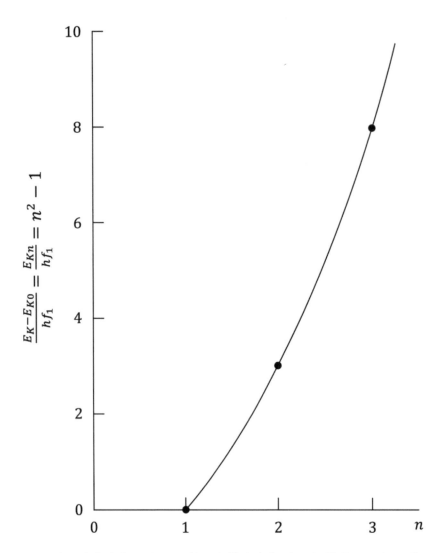

図9 光波に変換される光子の数 n と放出される飛行運動のエネルギー

　基準振動の f_1, λ_1, t_{01} を固定して考えると、温度は (n^2-1) に比例して大きくなることがわかる。放出された光子数の2乗マイナス1が温度の大きさを決めている。（7－4）式を式変形すると（7－5）式となる。

$$\frac{1}{\lambda_1}\frac{T}{h} = \frac{(n^2-1)}{k_B t_{01}\lambda_1} \tag{7-5}$$

（7－5）式の両辺に k_B^2 をかけると（7－6）式となる。

$$\frac{k_B^2}{\lambda_1}\frac{T}{h} = \frac{(n^2-1)k_B}{\lambda_1 t_{01}} = \kappa \tag{7-6}$$

（7－6）式は熱伝導度(J/smK)の式である。宇宙の温度は熱伝導度 κ の形に変換さ

れ、κ は (n^2-1) に比例して大きくなる。（7－6）式をさらに式変形すると（7－7）式を得る。

$$\frac{T}{t_{01}} = \frac{dT}{dt} = T f_1 = \kappa \frac{hC}{k_B^2} \tag{7-7}$$

（7－7）式は宇宙の温度の時間変化が、熱伝導度と関係していることを示す。言い換えると、熱伝導度 κ は dT/dt に比例することを示している。

議論を簡単にするために、（7－7）式の f_1 を 1 (1/s)とおく。すると（7－7）式は dT/dt = T となる。これを積分すると（7－8）式と（7－9）式を得る。

$$\int_{T_1}^{T_2} \frac{dT}{T} = ln\left(\frac{T_2}{T_1}\right) = \int_{t_1}^{t_2} dt = t_2 - t_1 \tag{7-8}$$

$$\frac{T_2}{T_1} = exp(t_2 - t_1) \rightarrow T_2 = T_1 exp(t_2 - t_1) \tag{7-9}$$

（7－9）式を図10に示す。

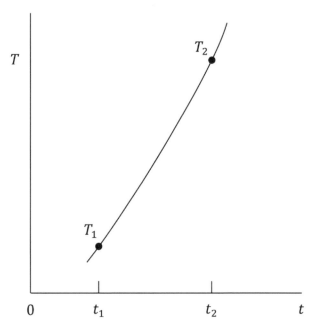

図10 宇宙の時間と温度の関係

宇宙が誕生した後、温度は時間の進行に対して指数関数的に大きくなっていく。（7

29

－9）式と図10の宇宙の姿は、第4章で議論した（4－3）式及び図6のBカーブ（それを理解しやすくしたCカーブ）の姿と類似している。この2つの宇宙の姿は、異なるモデルから導かれたものであるが、類似の時間—温度の関係を与える。次章で両モデルを合体した宇宙の姿、すなわち、宇宙の起点を定めた温度—時間の関係を示す。

その前に（7－9）式による宇宙の温度は、無制限に高くなるのであろうか。この点を議論する。図7、8のポテンシャルエネルギーのビルから移動する光波の移動距離は、（7－10）式で与えられる。この式は（3－7）式と同じである。

$$L_e = \frac{1}{3}Ct_0 \tag{7-10}$$

一方、移動する光波のエネルギーは、アインシュタインによりそのエネルギーに相当する光子の質量に換算できる（（7－11）式）。

$$E_K = nhf_n = nh\left(\frac{n}{t_0}\right) = \frac{n^2}{t_0}h = mC^2 \tag{7-11}$$

（7－11）式より、光波の飛行時間 (t_0) は（7－12）式となる。

$$t_0 = \frac{n^2 h}{mC^2} \tag{7-12}$$

（7－11）式の E_K は、（6－1）式の nT を改めて T とすると、T と（7－13）式で関係づけられる。

$$E_K = k_B T = nhf_n = n^2 hf_1 \tag{7-13}$$

（7－12）及び（7－13）式から、光波の飛行時間は（7－14）式で与えられる。

$$t_0 = \left(\frac{k_B}{C^2 f_1}\right)\frac{T}{m} \tag{7-14}$$

これを（7－10）式に代入し、（7－15）式を得る。

$$L_e = \left(\frac{k_B}{3C f_1}\right)\frac{T}{m} \tag{7-15}$$

f_1 は基準振動数(1/s)である。（7－14）及び（7－15）式は、光子の質量が大きくなると、飛行時間と飛行距離は短くなることを示している。

一例として、中性子と電子に相当する質量をもつ光子を光波として進行させるとき
の温度 1 K あたりの t_0 と L_e を表3に示す。電子光に比べて、中性子光の飛行時間と
飛行距離は著しく短くなることがわかる。

表3 中性子と電子に相当する光子の質量及び 1 K あたりの温度下
での光波としての飛行時間 （t_0）と飛行距離 （L_e）

	Neutron	*Electron*
$m(kg)$	1.67492×10^{-27}	9.10938×10^{-31}
$\dfrac{t_0}{T}\left(\dfrac{s}{K}\right)$	9.17165×10^{-12}	1.68637×10^{-8}
$\dfrac{L_e}{T}\left(\dfrac{m}{K}\right)$	9.16530×10^{-6}	1.68520×10^{-2}
$\dfrac{t_0(Electron)}{t_0(Neutron)}$	1	1838.7
$\dfrac{L_e(Electron)}{L_e(Neutron)}$	1	1838.7

したがって、（7－4）式で表される運動エネルギー(k_BT)の放出は、放出される光
子の質量が増すにつれてストップする。表3より、光波の飛行距離が短くなるためで
ある。ついには $L_e \sim 0$ m ($t_0 \sim 0$) とみなせる質量の大きい光子が光波として放出され
ると、温度の上昇は止まることになる。以上より、宇宙温度には上限が存在すること
になる。

第8章 宇宙の相転移

　7章の結論は2つの重要な内容を含んでいる。1つは、$t_0 \sim 0$ (s)の光波が放出された時点で、宇宙には有限のエネルギーが供給されていることである。これは飛行している光波の周波数 (f_n) に応じた E_{K2}, E_{K3}, E_{K4} などの運動エネルギーの総和となる。宇宙のエネルギーは有限である。もう1つは、光子から光波へのアインシュタインの変換式、$E = mC^2 = hf$ 、が質量が大きい光子では成立しなくなることである。表3に例示したように、m が大きくなると t_0 と L_e は短くなり、光波への変換は難しくなる。アインシュタイン式は軽い質量の光子に対して成立する式といえる。どの程度の質量の光子までが、アインシュタイン式に従い光波に変わりうるのかは、大変興味深い課題である。これは11章で詳細を議論する。少なくとも、地球へ届く太陽光の波長―照射エネルギー強度 (J/m^2) のグラフから判断すると、中性子（あるいは水素原子）の質量をもつ光子までは光波へ変わり得たと言える。それ以上の質量の光子は、光波へは変わり得ないことになる。ここまでが、アインシュタイン式の限界である。

　それ以上の重質量光子は物質としての質量を持ち、光波$(C \sim 3 \times 10^8 \, m/s)$より小さな速度を持つ移動物質へ変化する。その物質速度(v)は、はじめの相当する光子質量（ポテンシャルエネルギー、E_P）が大きいほど遅くなる。運動速度が 0 m/s となると物質の運動エネルギーは0となり、（7－2）式より物質のポテンシャルエネルギーが0点エネルギーとして保存されることになる。

　以上のエネルギー変換プロセスの概念を図11に示す。図11の左横軸は宇宙の時間、右横軸は宇宙のサイズ、そして縦軸は質量の大きさを示している。0の原点が宇宙の起点を示す。6章で議論した、n=0 の光子の運動エネルギー場への移動に対応した図である。n=0 の光子の移動の瞬間に時間と空間が生まれる。

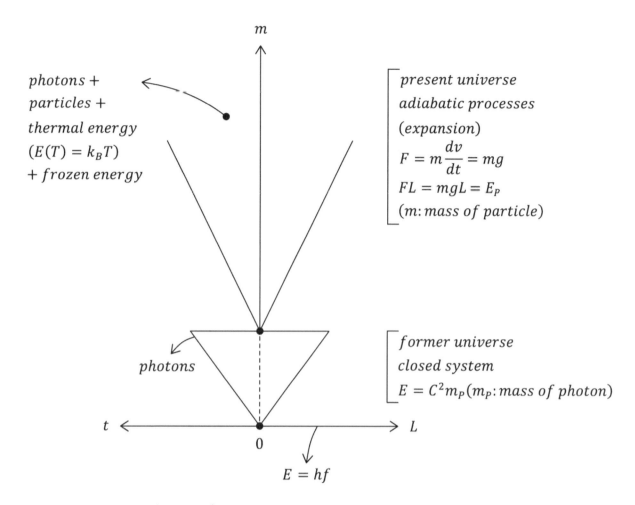

図 11 宇宙のエネルギー変換プロセスの概念

　その空間内に n の大きな光子が光波として飛び出していく。それらの光波の運動エネルギーは、光速で移動する質量 m の光子とみなすことが許される。この条件下でアインシュタイン式が適用される。この宇宙空間に次々と光波が飛び込んできて、空間の温度は著しく高くなる。しかし、重質量の光子の放出速度が低下し、空間内は有限のエネルギーで満たされる。その時点で、この宇宙はエネルギーの閉じた系とみなせる。その後、充満した光波のエネルギーは一種の相転移を起こし、質量をもつ粒子の宇宙へと変化する。前宇宙に満たされたエネルギーがすべて物質に変換されたわけではない。光波、移動物質、熱エネルギー（温度）、及び凍結された 0 点エネルギー、が共存した形で前宇宙のエネルギーが保存される。これが地球を含む現宇宙である。現宇宙の質量に関しては、質量とエネルギーを結びつけるニュートン式が適用される。

前宇宙のエネルギーから生成した新たな光波には、アインシュタイン式が適用可能である。そういう意味で、現宇宙に光波のエネルギー (hf、アインシュタインの光子のエネルギー式)、ニュートン式で表現される質量エネルギー、凍結された０点エネルギー、及びボルツマン定数で熱エネルギーに変換される温度が共存している。現宇宙は、前宇宙から引き継いだエネルギーを含む断熱プロセスで膨張している。

　図11の概念は次の原子量の計算から、ほぼ正しいと結論付けられる。（７－２）式から、前宇宙においてポテンシャルエネルギー(E_P)の運動エネルギーへの変換が大質量光子によりストップした時を考える。この条件は（７－２）式において、$E_{Kn}=0$とすることである。したがって、（８－１）式が誘導される。

$$\Delta E_P = E_K = E_{K0} = \frac{1}{2}hnf_1 = mgH \tag{8-1}$$

E_{K0}は（７－２）式における０点エネルギーで、ΔE_Pは（５－２）式の重力で表現した光子のポテンシャルエネルギーである。（８－１）式より、光子の質量は（８－２）式で与えられる。

$$m = \frac{1}{2}\frac{hnf_1}{gH} \tag{8-2}$$

　ポテンシャルエネルギー場での光子の質量は、ビルの階数 n に比例して大きくなることがわかる。gH の積は（５－３）式より C^2 に等しい。したがって、光子の質量は（８－３）式となる。

$$m = \frac{1}{2}\frac{hnf_1}{C^2} \tag{8-3}$$

（８－３）式の重い光子は、光波として宇宙空間に放出されることはない。熱エネルギー（ポテンシャルエネルギー）あるいは０点エネルギーとして存在するか、重力場に質量を有する物質として存在することになる。光波に変わり得る光子の質量の限界値は、ほぼ中性子（水素原子）程度である。それ以上の質量を持つ光子はポテンシャルエネルギー（熱エネルギー）の形から、現宇宙の原子の形へ一部変換された可能性が高い。図１１の前宇宙は光波で満たされており、運動エネルギーの相転移に伴い、

高い熱エネルギーから原子番号 (Z) が2以上の重い原子が現宇宙に生成したと考えるのが妥当であろう。このようなプロセスで光子のポテンシャルエネルギーから原子が生成したのであれば、（8－3）式は原子量を与える式といえる。

表4 原子の原子番号(Z)と原子量(m)の関係

Z	atom	Z/Z_2	m (atomic weight) reported	calculated Eq.(8-4)	calculated Eq.(8-5)
2	He	1	4.0026	4.0026	
3	Li	1.5	6.938	6.0039	7.0045
4	Be	2	9.0121	8.0052	9.0058
5	B	2.5	10.806	10.0065	11.0071
6	C	3	12.0096	12.0078	
7	N	3.5	14.0064	14.0091	
8	O	4	15.9990	16.0104	
9	F	4.5	18.9984	18.0117	19.0123
10	Ne	5	20.1797	20.0130	
11	Na	5.5	22.9897	22.0143	23.0149
12	Mg	6	24.304	24.0156	
13	Al	6.5	26.9815	26.0169	27.0175
14	Si	7	28.084	28.0182	
15	P	7.5	30.9734	30.0195	31.0201
16	S	8	32.059	32.0208	
17	Cl	8.5	35.446	34.0221	35.0227
18	Ar	9	39.792	36.0234	40.026
19	K	9.5	39.0983	38.0247	39.0253
20	Ca	10	40.078	40.0260	
30	Zn	15	65.38	60.0390	65.0422
40	Zr	20	91.224	80.0052	91.0123
50	Sn	25	118.710	100.0650	119.0773
60	Nd	30	144.242	120.0780	144.0936
70	Yb	35	173.045	140.0910	173.1124
80	Hg	40	200.592	160.1040	201.1306
90	Th	45	232.0377	180.1170	232.1508
92	U	46	238.0289	184.1196	238.1547
100	Fm	50	(257)	200.1301	257.1671

（8－3）式の n を Z に置き換え、Z=2 に相当する m_2 を He の原子量とする。Z が3以上の原子量を m_i とする。m_i / m_2 の比は（8－4）式となる。

$$\frac{m_i}{m_2} = \frac{Z_i}{Z_2} \tag{8-4}$$

35

（8－4）式と He の原子量を用いて求めた m_i と報告されている原子量を表4に示す。Z_i=2-20 で原子量はよく一致している。Z_i=30-92 では計算値より報告値は大きな値となっている。Z_i=2-20 では、原子中の中性子数/陽子数比が He とほぼ同じで、1 である。Z_i=30-92 では、この比が 1 以上となる。陽子数に比べて過剰の中性子数を N(excess)とする。この過剰分の中性子の質量を考慮した原子量は、（8－5）式で示される。

$$m_i = \left(\frac{Z_i}{Z_2}\right) m_2 + \frac{m_2}{4} N(excess) \tag{8-5}$$

表4に Z_i=30-92 の原子の（8－5）式による原子量を示す。報告値と極めて良い一致を示すことがわかる。以上の原子量の比較より、図１１で示すエネルギーの変遷が支持される。

第９章 宇宙像の表示

　前章の議論は図１１のエネルギー変換プロセスに集約される。すなわち、現在の宇宙は前宇宙に満たされたエネルギーから相転移により創造された。現宇宙の温度、サイズ、エネルギーを理解することは、前宇宙の温度、サイズ、エネルギーを理解することと等価である。前宇宙の光波の温度(T)—飛行時間(t_0)—飛行空間(L_e)の関係は（７－１４）と（７－１５）式で示される。この両式は光子の温度を飛行時間へ、あるいは飛行距離に変換する式である。逆の変換も可能である。式中のf_1は基準振動数で１$(1/s)$とする。ｍは前宇宙に放出される光子の質量である。８章の議論で最大質量の光子を中性子相当の光子と考えて差し支えない。

　t_0が決まると（７－１４）と（７－１５）式　から、中性子光が放出された時の光波の温度と飛行距離が求まる。t_0の決定を以下のように試みた。光の速度は（９－１）式に示す波長λ(m)と振動数f(1/s)の積である　　．

$$C = \lambda f = (n\lambda_1)(nf_1) = n^2(\lambda_1 f_1) \tag{9-1}$$

　波長λと振動数fはいずれも量子化されており、$C = n^2(\lambda_1 f_1)$ $(\lambda_1 = 1\,m,\ f_1 = 1\,s^{-1})$となる。この関係を（７－１２）式に代入すると$t_0$が（９－２）式で与えられる。

$$t_0 = \frac{n^2 h}{mC^2} = \frac{h}{mC(\lambda_1 f_1)} = \frac{h}{mCC_1} \tag{9-2}$$

　また、中性子光に許される空間サイズL_eは、（９－３）式で与えられる。

$$L_e = \frac{1}{3}Ct_0 = \frac{h}{3m(\lambda_1 f_1)} = \frac{h}{3mC_1} \tag{9-3}$$

　t_0は宇宙空間へ放出された中性子光波の飛行時間である。表３の ｍ(Neutron)の値を（９－２）式に代入すると、t_0は1.31959×10^{-15} s となる。　表１に示すように飛行時間は基準時間に対する相対値(n)を示す物理量である。t_0の 10^{-15} s を改めて１秒の単位と考えると、中性子光波の飛行時間1.31959秒 に対して、一番初めに放出された光

波の飛行時間は 13.1959 億年程度と考えられる。これは時間の繰り返し回数の n が、

$(1s)(1min)(1h)(1day)(1week)(1month)(1y)(10y)(100y)(1000Y)(10000y)(10^5y)(10^6Y)(10^7Y)$

$(10^8Y)(10^9Y)=10^{15}$ =10 億回、に相当することからの推量である。 1 秒は 10^0 回とカウントされる。この１３．１９５９億年は、前宇宙の E_P 軸上の n=0 の光子が運動エネルギー場へ移動を始めてから（この時が時間の起点である）、最後の中性子光が飛行するまでの時間に相当し、前宇宙への E_P からのエネルギー供給時間（あるいは、前宇宙の生存時間）である。この１３．１９５９億年（地球時間の 4.16148×10^{16} s, t_o (N) とする）を（９－３）式に代入すると、L_e (Neutron)=4.158601×10^{24} m を得る。このサイズが、中性子光が放出されたときの宇宙の大きさである。中性子光子が宇宙空間へ旅立った後、自由に宇宙空間を移動する中性子光波の温度は、（７－１５）式より T (Neutron)= 4.53732×10^{29} K と計算される。

　L_e (Neutron)も T (Neutron)も非常に大きな値であるが、有限の値である。L_e (Neutron) から宇宙の体積 V(N) (=$(L_e/3)^3$)が求められる。t_o (N)の値から 1s に１個ずつの光子が光波に順次変換される（基準振動数 f_1 を $1s^{-1}$ に設定することに対応している）と、前宇宙に飛行している光波数は t_o (N)個となる。図８より放出光波数に比例して、宇宙の温度は高くなる。したがって、宇宙空間に満たされるエネルギーは中性子光波の温度を用いて、E_K = (1/2) n E_K(Neutron) = (1/2) n (k_BT(N)) = (1/2) t_0(N) (k_BT(N))、と求まる。E_K が求まると、宇宙空間のエネルギー密度、E_K(density)=E_K/V(N)、が計算される。以上の計算結果を表５にまとめて示す。前宇宙は光波が飛び交う空間であるが、その光波の回りは真空であり、熱伝導度は０である。したがって、大小の温度を持つ光波の間で熱エネルギーの受け渡しは起こらない。それらの光波の温度の総和が、宇宙空間の温度となる。当然のことであるが、以上の考えには多くの議論の余地が残る。

　表５に示すように、温度、体積、エネルギーは大変大きな値であるが、エネルギー密度は大変小さな値であり、限りなく０に近い。このような特徴を持つ前宇宙は、一種の相転移プロセスで現宇宙へ変換されたことになる。どのようなプロセスで現宇宙

へ変化したのかは、１１章で説明する。

表5　前宇宙の姿

$L_e(m)$	4.15860×10^{24}
$V(m^3)$	2.66365×10^{72}
$T(K)$	4.53732×10^{29}
$E_K(J)$	1.30347×10^{23}
$E_K(density)(J/m^3)$	4.89353×10^{-50}
$n,\ number\ of\ photons\ released$	4.16148×10^{16}
$t_0,\ life\ (s)$	4.16148×10^{16}
	$(1.31959\ billion\ years)$

相転移前後の宇宙の温度と時間の関係を図１２に示す。

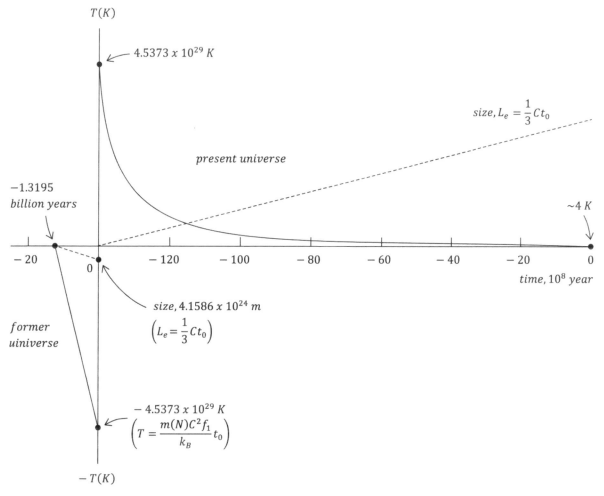

図 12 宇宙の温度、サイズ、時間の関係

39

横軸に億年単位で示した時間をプロットしてある。０より左は（３－４－１）式、図５に従い負の値でプロットしてある。負の値から右の方向の０が宇宙曲面の先端時刻を示している。前宇宙の生存時間１３．１９億年は、－１３．１９億年から０までの期間ということになる。そのグラフの初めの -T が－１３．１９億年に旅を始めた光波の運動エネルギーに相当する温度を示し、０のところで中性子光波が飛立ったことを示し、その時の温度が 4.53732×10^{29} K である。前宇宙の三角形で示される面積が、前宇宙に光波として満たされた運動エネルギーである。

中性子光波が飛び出したときに、一種の相転移がおこる。左の０より右の時間域が、現宇宙の時間である。本来の相対論的時間は、この右側の時間目盛りも前宇宙と同様にマイナス値で示してある。前宇宙の誕生時を起点とするならば、本来の時間は、現時間+前宇宙の生存時間、となる（（３－４－２）式）。図１２は t=0 で時刻のリセットをしていることになる。相転移直後の現宇宙の $t_0=0$ での温度は、相転移前の前宇宙の温度に等しい。相転移直後のポテンシャルエネルギーは、時間とともに運動エネルギーに変換される。この温度—時間の関係は、断熱変化として起こる。４章（４－３）式と図６にそのプロセスが示されている。温度の冷却過程で前述した新しい光波、移動物質、凍結エネルギー、熱エネルギーが生成される。現宇宙の平均温度は４Ｋであり、図１２においては ~0 K 近いところにプロットされる。宇宙のサイズは、前宇宙も現宇宙も時間の１次に比例して大きくなる。比例定数が(1/3)C である。前宇宙の三角形面積に相当する運動エネルギーが、現宇宙の $T-t_0$ の曲線で囲まれる面積に等しい。前宇宙のエネルギーが相転移により現宇宙に移されると、前宇宙の温度は０Ｋとなる。したがって、（７－１５）式より相転移を起こすと、その時、前宇宙は消滅してしまう。この相転移は、宇宙の世代交代に対応している。

第 10 章 エネルギー変換式

　前章までの宇宙像の記述にいくつかの物理量の変換式を用いた。ここで、少しそれらの式を整理する。図１３ (a)はエネルギー(E_K)—温度 (T)—長さ(L_e)—時間(t_0)の関係式を示す。質量 (M) が宇宙に生まれる前に有用な関係式と言える。f_1 は任意の基準振動数である。図１３ (b)は、質量誕生後（現宇宙）の表現に有用である。エネルギーが質量に変換された後の関係式と言える。図１３ (b)、9式は、M-T_K-t_0 の面の関係式である。同様に１０式は、M-T_K-L_e の面の関係式である。

　興味深いのは、１１式の関係である。１０式の左辺に8式の L_e を代入すると、１１式となる。同様に9式の t_0 に7式を代入すると、再び１１式 (次式の１０−１式)となる。

$$k_B T = Ch\left(\frac{f_1}{C_1}\right) \tag{10-1}$$

　T= 1 K, C_1= 1 m/s とおくと、k_B = Chf_1 $(1/TC_1)$ (f_1: 基準振動数)となる。これは k_B, C, h の定数間に一定の関係が存在することを示している。k_B 値は 1.38065 x10^{-23} J/K, C は 2.99792 x 10^8 m/s、h は 6.62607 x 10^{-34} Js と報告されている。地球では１分は６０秒、１時間は６０分として扱われている。この６０の周期、６０Hz(1/s)を時間の基準振動数に採用すると、$Chf_1(1/TC_1)$の積は 1.19186 x10^{-23} J/K となる。k_B の報告値とほぼ等しいと言える。先の T= 1 K は基準温度を 1 K とすることを意味している。以上のことより、図１３(b)の関係は支持される。

　図１３，9式より、温度 T と光波あるいは物質の質量は、（１０−２）式で与えられる。

$$M = \left(\frac{k_B}{C^2 f_1}\right)\frac{T}{t_0} \tag{10-2}$$

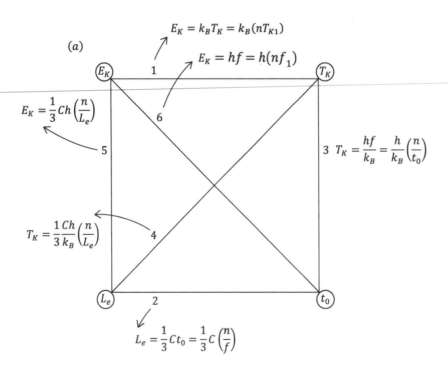

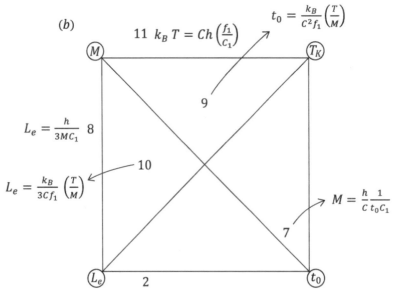

図 13 (a)エネルギー(E_K) 及び (b)質量(M) の変換式

ある時刻 (t_2) の温度 T と M を T_2, M_2 とする。基準の質量 M_1, 時間 t_1 との比は
（１０−３）式で与えられる。

$$\frac{M_2}{M_1} = \left(\frac{T_2}{T_1}\right)\left(\frac{t_1}{t_2}\right) \tag{10-3}$$

前宇宙の $t_1\sim$１３．２億年、現宇宙の $t_2\sim$１３７億年を（１０−３）式に入れると、
（１０−４）式が得られる。

$$\frac{M_2}{M_1} = \left(\frac{T_2}{T_1}\right)\left(\frac{13.2}{137}\right) \sim \frac{1}{10}\left(\frac{T_2}{T_1}\right) \tag{10-4}$$

M_1 は前宇宙の光波の全質量に対応している。相転移前後の温度はそれぞれ、T_1 と T_2 に対応し、転移直後には $T_1=T_2$ と置ける。その時点で新たに生成した現宇宙の光波は、前宇宙の光波量の約 1/10 になることを示している。また、（１０－４）式では T_2 ～０K の時、光波を含む運動体の質量は０となることを示している。したがって、相転移後は、温度の低下（T_2/T_1 比の低下）に伴い光波、質量及び熱エネルギーは減少して、凍結エネルギー（あるいは速度を持たない質量）へ変化することを示唆している。

第11章 宇宙相転移の本質

11－1 光波の性質

　第9章までの議論で、前宇宙の光波の運動エネルギーが現宇宙にいろいろな形で保存されていることを述べた。前宇宙の光波のエネルギーは図12に示されるように、y軸に位置するポテンシャルエネルギー(E_P)へ一度変換される。尚、このy軸は固定軸ではなく、宇宙曲面の先端に相当し、時間0を示す位置として移動している。図12の前宇宙も現宇宙の時間も、そのように表現されている。前宇宙のエネルギーがE_Pへ変換され、そこより現在の宇宙へ改めて光子が新光波として放出された。その新光波の姿を地球では、太陽光のスペクトルとして観察できる。図14にその概略を示す。太陽光スペクトルは、波長（λ）が400 nm 付近で極大を示し、250 nm より短波長域ではエネルギー強度 (J/m²) は0となる。

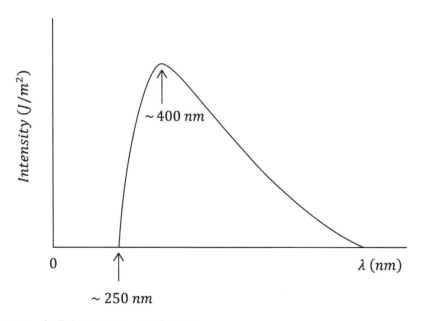

図14 太陽光スペクトルの概略図

$\lambda = 400\,\text{nm}$ と 250 nm に相当する光子の質量を１０章、図１３、8 式を用いて計算すると，次のようになる。M ($\lambda = 400\,\text{nm}$) = 5.52172 x 10^{-28} kg, M ($\lambda = 250\,\text{nm}$) = 8.83476 x 10^{-28} kg 。これらを中性子の質量と比較すると、M ($\lambda = 400\,\text{nm}$) / M (Neutron) = 0.3297, M ($\lambda = 250\,\text{nm}$) / M(Neutron) = 0.5274、となる。図１４の右端が一番軽い光子の光波の波長に相当し、左端近くのエネルギー強度 O ($\lambda = 250\,\text{nm}$) が一番重い光子の光波の波長ということになる。ほぼ中性子より軽い光子が、新しい光波として現宇宙に生まれたことになる。

図１４のスペクトルは図１３の6式で説明される。同じ式を（１１−１）式として示す。

$$E_K = hf = h\frac{C}{\lambda} = h(nf_1) = h\left(n\frac{C}{\lambda_1}\right) \tag{11-1}$$

図１４の縦軸は、地表面 1 m² あたりの E_K (J) の量を示している。$\lambda = \lambda$ (maximum) 〜 400 nm までは（１１−１）式に従い、λ の減少に従い E_K が大きくなる傾向が見られる。しかし、$\lambda = 400\,\text{nm}$ より波長が短くなると（１１−１）式では説明できない。あらたな考察が必要となる。著者の考えは以下のとおりである。波長域の大きいところでは、プランク定数 h (Js) を定数として取り扱っている。しかし、$\lambda < \lambda_c$ (400 nm) の波長域では、h は λ の関数と考える。したがって、（１１−２）式について以下の解析を行った。

$$\frac{dE_K}{d\lambda} = C\left\{\frac{1}{\lambda}\frac{dh}{d\lambda} + h\frac{d}{d\lambda}\left(\frac{1}{\lambda}\right)\right\} = C\left\{\frac{1}{\lambda}\frac{dh}{d\lambda} - h\frac{1}{\lambda^2}\right\} \tag{11-2}$$

$dE_K/d\lambda = 0$ と置くと、（１１−３）式が得られる。

$$\frac{dh}{d\lambda} = \frac{h}{\lambda} \tag{11-3}$$

これを積分すると、（１１−４）式となる。

$$\int\frac{dh}{h} = \int\frac{d\lambda}{\lambda} \rightarrow \ln h = ln\lambda + constant \rightarrow \ln h = lnb\lambda \rightarrow$$
$$h = b\lambda \tag{11-4}$$

b は積分定数であり、h=bλ が得られる。ある特定の λ_c (図１４では $\lambda_c \sim 400\,\text{nm}$) で

のhはbλ。となる。一方、λ= maximum〜λ。ではhは一定値（h_p、プランク定数）として取り扱っており、λ=λ。で次式が成立する。

$$h(\lambda = \lambda_c) = b\lambda_c = h_P \qquad (11\text{-}5)$$

（１１−５）式より、bはh_P/λ。となることがわかる。図１５にλとhの関係を示す。

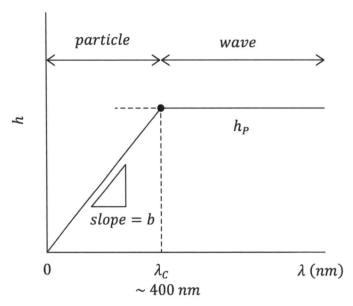

図15 光波の波長λとプランク定数の関係

　λ= maximum〜400 nm では光子の運動エネルギーは光波として取り扱われ、そのE_K-λの変換係数を h_p が担っている。しかし、λ<λ。(400 nm)では光子の粒子性が大きくなり、エネルギー変換係数がhとなる。このhはλが０に近づくと、hも０に近づく性質を有している。以上のh及びh_Pの考えに基づき、E_K-λの関係を（１１−２）式から求める。

(a) λ＞λ。のとき

（１１−２）式でhを定数としているので、dh/dλ=0 となる。したがって、（１１−５）式が光波に対して成立する。

$$\frac{dE_K}{d\lambda} = -Ch_P \frac{1}{\lambda^2} \qquad (11\text{-}5)$$

（１１−５）式の積分は、（１１−６）式を与える。

46

$$\int_0^{E_K} dE_K = E_K = -Ch_P \int_\infty^\lambda \frac{1}{\lambda^2} d\lambda = Ch_P \frac{1}{\lambda} = h_P f \tag{11-6}$$

（１１−６）式は図１４に見られるように、$\lambda - \infty$から$\lambda = \lambda_c$の波長域で成立する。

(b) $\lambda < \lambda_c$ のとき （h=bλ）

（１１−２）式を h=bλの条件下で解析すると、（１１−７）式となる。

$$\frac{dE_K}{d\lambda} = C \frac{1}{\lambda} \frac{dh}{d\lambda} = C \frac{1}{\lambda} \frac{d(b\lambda)}{d\lambda} = C \frac{b}{\lambda} \tag{11-7}$$

（１１−７）式を積分すると次式となる。

$$\int dE_K = Cb \int \frac{1}{\lambda} d\lambda \rightarrow E_K = Cb\, ln\lambda + d(= constant) \tag{11-8}$$

粒子性の高い光波の運動エネルギーE_Kは、$ln \lambda$に比例して大きくなることがわかる。

$\lambda = \lambda_c$でのE_KをE_{KC}とする。E_KとE_{KC}の差は（１１−９）式となる。

$$E_K - E_{KC} = Cb\, ln\left(\frac{\lambda}{\lambda_C}\right) \tag{11-9}$$

$\lambda = \lambda_c$のとき$E_K = E_{KC}$であり、そのときのE_{KC}は（１１−６）式より$E_{KC} = C\, h_P / \lambda_c$で与えられる。

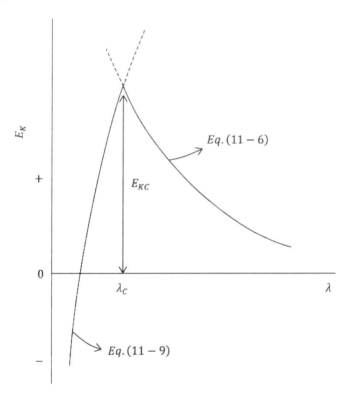

図16 太陽光スペクトルを説明する $E_K - \lambda$ の２つの関係式

47

（11－6）式と（11－9）式の関係を図16に示す。$\lambda = \infty - \lambda_c$では従来の（11－6）式で光波のエネルギーが表現できる。$\lambda < \lambda_c$では（11－9）式 で光波エネルギーの波長依存性を示すことが可能である。この場合、2つのことを明らかにする必要がある。1つは定数bの内容であり、2つ目はE_Kがλの減少に伴いマイナス値となることである。次節でこの点について考察する。

11－2　$\lambda < \lambda_c$での光波の性質

11－1で解析したλ_cにおけるhはh_Pであり、次式の関係が成立する。

$$\frac{h}{h_P} = \frac{b\lambda}{b\lambda_c} = \frac{\lambda}{\lambda_c} \tag{11-10}$$

（11－10）式よりbの内容がh_P/λ_cであることがわかる（（11－11）式参照のこと）。また、この関係は（11－5）式からも得られる。

$$h = \left(\frac{h_P}{\lambda_c}\right)\lambda = b\lambda \tag{11-11}$$

図16の E_K が0以下となるのは、この運動エネルギーがポテンシャルエネルギーE_Pへ変換されることを意味する。λが大きい光波は光波として安定に運動ができるが、λが0に近づくと光波の粒子性（運動エネルギー）が増加する。波の性質がλの小さいところまで維持されるのであれば、図14の E_K カーブはλの小さいところで大きくならねばならない。粒子性の増加は重力による光子間の結合を強め、その結果、E_Kを E_P へ変換することにつながる。

　図14は現宇宙の光波スペクトルである。前章（10－4）式で記述したように、前宇宙の光波のエネルギーは、現宇宙で測定されたスペクトルのエネルギーより約10倍大きい。したがって、前宇宙の光波のスペクトル分布は、図14の縦軸が約10倍大きくなる。横軸のλの大きさは、同等である。図14のスペクトル分布を前宇宙の光波に適用したときのE_K-E_Pの関係を図17に示す。

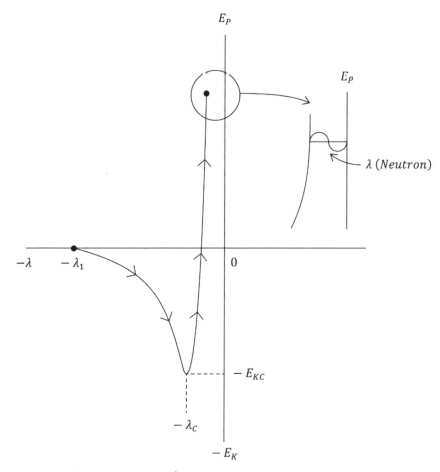

図 17 前宇宙の光波の進行プロセス

　前宇宙のエネルギーの小さい光波から順次、矢印の向きに進行していく。$\lambda = \lambda_c$ で光波は向きを変えて E_K を小さくする。λ_c で光波の粒子性が大きく増加するためである。さらに光波が進行すると $E_K = 0$ となり、その後 E_K は E_P へ変換される。前宇宙に満たされた E_K の全量が E_P 軸の高さに等しくなるまで光波は進行する。図１７の $-\lambda_1$ の運動エネルギーの出発点で、光波は中性子より大きな質量の光子と重力により連続的につながっている。その圧力で中性子より軽い光子が前宇宙空間へ放出される。光波の放出に伴い、前宇宙は収縮して閉じてしまう。

　E_P 軸にほぼ平行に上昇する光波の運動エネルギーは、あくまでも運動エネルギーであり、運動場を持たないポテンシャルエネルギーとは区別される。図１７に示されるように、一番最後を飛行する中性子光波の波長が E_P 軸と E_K 軸の間隔に等しくなると、

49

光波は E_P 軸に飛び移れる。そして、飛び移った光波は光子となり、E_p 軸を下方に移動する。E_p 軸の０に近いところには、図８の E_p 軸の n=0 のところにエネルギーの空孔が生じている。この空孔から光子が再び光波として、順次、現宇宙空間へ放出される。前宇宙のエネルギーが E_p 軸と接触し、それらのエネルギーが再度放出されるまでの時間は、０ s である。E_p 軸にはエネルギー（温度）のみが許され、時間は存在しない。E_K（前宇宙）→ E_p 軸→ E_K（現宇宙）のエネルギー変換は瞬時でおこる。$t_0=0$ では、E_K（前宇宙）→ E_K（現宇宙）の変化のように見える。以上のエネルギーの変換プロセスは、横軸を時間軸でみると図１２のようになる。

第 12 章 プランク定数とアインシュタイン式の意味

12－1 時間と空間の単位

アインシュタインによる質量 M (kg) の光子と振動数 f_1 (1/s) の光波のエネルギー変換式は（１２－１）式で示される。

$$E_K = MC^2 = h_P f_1 \tag{12-1}$$

左辺の単位は以下のように分解される。

$$M(kg)C^2\left(\frac{m}{s}\right)^2 = MaC^2\left(kg\frac{m}{s^2}m\right) = (MaC^2)J \tag{12-2}$$

a は 1 m/s^2 の加速度の 1 である。（１２－２）式では、M, a, C^2 は無次元の数値となる。

一方、光波の振動数 f (1/s) と飛行時間 t_0 (s) は、$f t_0 = 1$ の関係にある。この関係を利用すると、C(m/s) t_0 (s) / λ (m) = 1 を得る。したがって、（１２－１）式の右辺は($h_p f_1$ C t_0 / λ) J となる。（１２－１）式の両辺の単位はいずれも J であり、両辺の無次元の数値は等しい。

$$MaC^2 = \frac{h_P f_1 C t_0}{\lambda} \tag{12-3}$$

（１２－３）式で $a = f_1 = 1$ とおくと（１２－４）式となる。

$$MC = \frac{h_P t_0}{\lambda} \tag{12-4}$$

光波の場合、$t_0 / \lambda = 1/C$ であり、$h_p = MC^2$ の一定値を示すことになる。一方、粒子の場合、MC が定数であり、t_0 / λ に応じて h_P は変化することになる。t_0 を一定にすると($t_0 = t_{0c}$)、$h_P = (MC/t_{0c}) \lambda$ となり、１１章で取り上げた h_P の波長依存性の議論と合致する。この変化する h_P を改めて h とすると、$h = (MC/t_{0c}) \lambda$ とおける。これを１１章（１１－１１）式と比較すると、（１２－５）式を得る。

$$h = \left(\frac{h_P}{\lambda_c}\right)\lambda = \left(\frac{MC}{t_{0c}}\right)\lambda \tag{12-5}$$

$h_P = MC^2$ の関係式を（１２－５）式に代入すると、$\lambda_c = C\, t_{0c}$ の関係が得られ、（１２－５）式が正しいと支持される。

ここで奇妙なことがおこる。光波の性質が大きい波長域では、（１２－５）式より $h_P \lambda = h\lambda_c$ が成立し、$\lambda_c = \lambda$ と置くと、h は h_P となり、Js の単位が保持されている。一方、$\lambda < \lambda_c$ では、h は $h = (MC/t_{0c})\lambda$ であり、その単位は $(kg)(m/s)(1/s)(m) = J$ である。すなわち、λ が０m、ポテンシャル軸に近づくと、時間 s の単位が無次元化することを示唆している。このことと E_P 軸には時間の概念が含まれないことは合致する。図１７の前宇宙から現宇宙への相転移は、上の時間の単位の無次元化を経由して起こる。E_P 軸のエネルギー単位は（１２－１）式より、$E_P(J) = E_K(J) = M(kg)\, C^2(m^2/s^2)$ である。したがって、E_P エネルギーから E_K エネルギーを経由して質量 M が生まれたことを示している。図１１が以上の議論を総括的に示している。

（３－７）式で L_e と t_0 は結ばれている $(t_0 = 3\, L_e/C)$。L_e が０m に近づくときの t_0 (s) の単位の消失は、$3L_e/C$ の単位、m/(m/s)、の消失を意味する。すなわち、長さ m の単位の消失を示唆している。以上の時間と長さの単位の無次元化は、$L_e = 0$ あるいは $t_0 = 0$ の近傍で起こる。

12－2　光波の速度

5章（５－３）式より、光速(C)、光子間距離(H)、及び光子間の重力加速度(g)は、（１２－６）式で結ばれている。

$$g = C^2 \frac{1}{H} \tag{12-6}$$

（１２－６）式の両辺に光子の質量 M をかけて、式変形すると（１２－７）式となる。

$$MgH = E_P = C^2 M \tag{12-7}$$

（１２－７）式と（１２－１）式は等しく、アインシュタイン式は光子のポテンシャルエネルギーを運動エネルギーに変える式として理解される。また、g は次式で示されるように、量子化された値であることがわかる。

$$g = \frac{C^2}{H} = \frac{C^2}{\frac{1}{3}Ct_0} = \frac{3C}{t_0} = \frac{3(n\lambda_1)(nf_1)}{nt_{01}} = \left(\frac{\lambda_1 f_1}{t_{01}}\right)3n \qquad (12\text{-}8)$$

（１２－８）式を C について書き直すと（１２－９）式となる。

$$C = \frac{1}{3}gt_0 = \frac{1}{3}(3n)\left(\frac{\lambda_1 f_1}{t_{01}}\right)(nt_{01}) = n^2(\lambda_1 f_1) \qquad (12\text{-}9)$$

（１２－９）式は光波の速度も量子化されていることがわかる。$\lambda_1 = 1\,\mathrm{m}, f_1 = 1\mathrm{s}^{-1}$ とすると、C は n^2 となる。n_1 を最も小さな量子数とすると、１である。したがって、C_1（$= \lambda_1 f_1$）は１ m/s と設定できる。光波の速度は以下のように表現できる。

$$\frac{C}{C_1} = \frac{n^2(\lambda_1 f_1)}{\lambda_1 f_1} = n^2 \qquad (12\text{-}10)$$

$C = n^2 C_1$、$C_1 = 1$ m/s であり、n=2 のとき C= 4C_1、n=3 のとき C= 9C_1 となる。n=3 のとき（３次元）、x, y, z の３方向へ光波は進行する。一方向の速度は(1/3)C であり、3C_1 となる。C_1 を改めて 10^8 m/s の単位に置き換えると、3C_1= C（１方向）= 3 x 10^8 m/s となる。この値は、相互作用をしない光波に対応する。現宇宙では、光波が存在する物質や凍結エネルギーと相互作用をするために少し遅くなり、2.99792 x 10^8 m/s となる。現宇宙で相互作用をしない光波の速度を測定することはできない。

　以上のことに基づく前宇宙の光子に作用している標準重力加速度は、（１２－１１）式となる。

$$g = \frac{3C}{t_0} = 9\,\frac{m}{s^2} \qquad (12\text{-}11)$$

　地球の標準重力加速度は、9.80665 m/s^2 である。前宇宙に比べて、現宇宙には種々の物質が存在し、それらによる重力の増加を示している。

第13章 現宇宙の形成

　現宇宙の形成は図 12 に示されている。前宇宙の運動エネルギーを用いて現宇宙は形成された。誕生直後、前宇宙の光波エネルギーの約１／１０が、再び質量の軽い光子の光波として放出された。中性子（水素原子）相当質量より重い光子は、相当質量を得た原子に変換された。これらの原子の移動距離は短く、強い重力により集合体としての物質を形成した。原子の集合数に応じた種々の質量の物質が存在する。地球もこれに含まれる。集合体としての物質の質量が増加すると、運動速度の低下を引き起こし、光波とは比べられない速度に小さくなる。たとえば、地球は２つの大きなエネルギーを有している。自転によるエネルギーと太陽の周りをまわる公転のエネルギーである。その速度まで光波の速度が落ちたことになる。重要な点は、その低速度でも動いている運動体であるということである。速度０の物質は、それに応じた凍結エネルギーを質量として保存している。その他、熱エネルギー（現在の宇宙温度、４K）も現宇宙を満たしている。現宇宙は、前宇宙のエネルギーが形態を変えた形で満たされている。そして、活動している世界である。光波と物質、物質と物質、光波と凍結エネルギー、物質と凍結エネルギー、またまた熱エネルギーとその他のエネルギーが絶え間なく会話をしたり、一緒に遊んだりしている。上述のように地球を構成している元素と宇宙全体を構成している元素は同じものである。図１２の宇宙の姿は、水素分子の非結合性軌道に類似している。

　時間は前宇宙が始まった時からスタートしており、戻せない。ただし、前宇宙から現宇宙ができた時のように、時間のリセットという見方は許される。これまですでに述べたように、現宇宙から前宇宙を見ようとしても、前宇宙はすでに消滅してみることはできない。しかし、前宇宙の記録は現宇宙の存在物質の中に残されている。

　地球上の実験で、電子に対する陽電子が存在することが証明されている。このこと

の起源は、図8において前宇宙の E_P 軸が負の値の側にも存在することに対応している。正の E_P と 負の E_P がちょうどバランスして、両エネルギーの和は0となっている。図8の n=0 の光子が運動場へ移動したことが前宇宙の始まりであった。エネルギー保存則より、まったく同じことが、負の E_P 側で起きている。その世界はお互いに見えない。

　以上のことを踏まえた前宇宙—現宇宙、反前宇宙—反現宇宙の関係を図18に示す。A'の現宇宙と B'の反現宇宙の関係が、電子と陽電子の関係である。水面上の空間の自分が現宇宙であり、水面下の空間の自分が反現宇宙である。まったく同一人である。

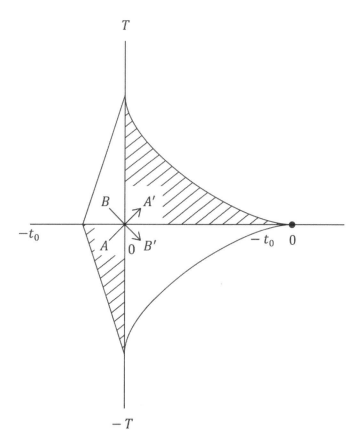

図 18 現在の宇宙（A→A'）と反宇宙（B→B'）の世界の温度—時間の関係
A，B はそれぞれの前宇宙と反前宇宙を示す。

第14章 生物との関係

　著者の生物学についての知識は限られており、その進展を科学的に解明することは難しい。しかし、これまで述べてきた量子論と相対論の視点から生物を見ることは楽しい。本章で述べることは著者の感覚であり、物理化学的な証明はなされていない。的外れ、混乱が多々あることを前提として、感ずるところを記述しておく。

　生物を考えるとき、表2のL_e（形状）の時間依存性は役に立つ。n=0 のエネルギーの形状は球であり、卵子を想像させる。n=1 のエネルギーは1次元の形状の生物や電場や磁場に対応する。n=2（平面）は 2 次元のエネルギーで、電場＋磁場＝光波に対応し、2 次元の生物あるいは構成物（眼）がイメージされる。n=3 の 3 次元のエネルギーは、1 次元の生物+2 次元の生物、あるいは 2 次元の生物と 1 次元の生物の特徴を有しているであろう。おそらく、1 次元の棒状の精子の先頭部が 2 次元の眼に相当する役割をしていると考えられる。精子の先頭の眼と解釈したところでは、卵子を探していることになる。木は幹を 1 次元、平面の葉を 2 次元とすると、3 次元の生物である。そして、葉では光合成が行われることより、木の眼と解釈することができる。魚は板状（2 次元平面）の体とこれに垂直な 1 次元の棒状の眼を持つ 3 次元生物と理解できるかもしれない。形状と機能に応じて、次元の入れ替えは可能である。

　4 次元以上の生物部位は、おそらく 3 次元生物の内臓に対応していると考えられる。多次元となる複雑形状の内臓物を形成することができる。最多次元の形状は、再び球である。人間の脳や心臓がそれに近い形状をしている。次元の増加は、時間の増加にも対応している。卵子は 0 次元、精子は 1 次元または 3 次元であり、卵子は精子より先に生成することになる。

　また、心臓は、そこにためた血液（エネルギー養分＋酸素）を全身へ運び出す働きをしている。図12の前宇宙が心臓、血液が輸送された体の細胞を現宇宙と見ると、

矛盾なく体のエネルギー変換を理解できる。心臓は脈を打った後は収縮し、体積が減少する。この点も前宇宙の動きと類似している。子宮を前宇宙、そこに育ちつつ赤ちゃんをエネルギーとみなすと、現宇宙は誕生した赤ちゃんと言うことになる。子宮は赤ちゃん誕生後に、再び収縮する。この点も図１２のモデルと類似している。したがって、現宇宙の生命活動はエネルギーの変遷を調べることで明らかにできると考えられる。

図８の E_P, n=0 のエネルギーを卵子のエネルギーと考える。n=1 の E_P を棒状精子のエネルギーと見なす。両エネルギーはそれぞれ、$(1/2)\,h\,f_0$ と $(1/2)\,h\,f_1$ の凍結エネルギーを有している。この２つの光波が足し合わされると、$(1/2)h(f_0 + f_1)$ の定常波を形成することができるかもしれない。このことを生命の誕生現象と理解することは許されるかもしれない。一般の化合物も電子による定常波が原子間に形成されることで生成する。生命の誕生は、光波という活動エネルギー間に新たな定常波を形成することと関係しているかも知れない。

図１２の現宇宙の生成時に、前宇宙のエネルギーが光子として E_P 軸に満たされている。光子は光波の速度で動く質量体であり、光波が動くと理解してよい（アインシュタイン式)。この光波の飛行エネルギーE_Kを改めて（１４－１）式に示す。

$$E_K = hf = h(nf_1) = k_B T = C^2 M \tag{14-1}$$

（１４－１）式より、光波としての光子の質量は（１４－２）式で与えられる。

$$M = \frac{E_K}{C^2} = \left(\frac{k_B}{C^2}\right)T = \left(\frac{h}{C^2}\right)f_1 n \tag{14-2}$$

光子の移動速度は光波の速度であるが、中性子光の質量ではその移動距離は極めて短いことを表３に示した。大質量光子の大きな光波速度は、光波としての振動数（（１４－２）式の nf_1, f_1: 基準振動数）が大きいことで説明される。現宇宙には様々な振動数、あるいは波長の光波が混在している（図１４）。言い換えると、様々な質量の光子が現宇宙には分布している。重質量光子はその位置をあまり変えることはない。現宇宙には、中性子より重い質量をもつ光子も噴出された（１３章）。それらは噴出位置よ

りさほど移動することはない。

　以上のことを背景に（１４－２）式を生物視点で見てみる。光子は質量を持ち、人間同様に nf_1 の脈を打っていると考えられる。光子は脈を打つ生物とみなせる。質量はその脈拍数を反映している。そして、脈拍 nf_1 は、基準振動数 f_1 の光波を n 個つないだ波の重合物（表２参照。様々な形状に変化できる光波）の光波とみなすことができる。この重合度 n は光のスペクトルとして測定できる。以上の考察より、現宇宙生成時に様々な重合度をもつ光波が形成されたと解釈される。重合度が高い場合には、質量の大きい光子として存在することになる。光波、光子いずれも光波の速度で移動することができるが、移動距離は大きく異なる。それらの軽質量光波と重質量光子が相互作用し、新たな定常波を形成すると、２つのエネルギーが連結されたことになる。そして、その合計質量に応じた脈を打つことになる。脈は（１４－２）式に見られるように、質量の大きさのみに依存する。（１４－２）式から脈の大きさ（f_1n）とその質量の温度は（１４－３）式で示される。

$$T = \left(\frac{h}{k_B}\right)f_1 n \tag{14-3}$$

　脈拍が大きくなると、温度は上昇することを示している。２つの脈拍を測定し、その比をとると、１つの温度(T_1)に対する温度上昇がわかる（（１４－４）式)。

$$\frac{n_2}{n_1} = \frac{T_2}{T_1} \tag{14-4}$$

（１４－２）式より脈拍はその質量（脈を打つ生物のこと）のエネルギーと等価である（$E_K = h(f_1n)$）である。大きな脈拍は大きな運動エネルギー、大きな質量を意味する。生命の定義を著者は知らないが、ここでは脈を有する状態としておこう。図１２の前宇宙は脈を打ち、それにより新たな脈を打つ（振動数を有する）光波、物質、熱エネルギー、凍結エネルギーを生み出した。前宇宙のエネルギーが分割されて、現宇宙の全存在物に含まれたと解釈してよい。人間に例えると、心臓の活動が前宇宙に対応している。心臓に養分と空気というエネルギーを入れると、それは体内の生命活動に消

費される。その後、活動に消費され、不要となり排出されるエネルギーと基礎代謝エネルギーとして体内に残るエネルギーの合計は、当初入力されたエネルギーに等しい（エネルギー保存則）。この排出エネルギーは、質量（汗、おしっこ、ウンチ）、熱エネルギー（体温相当の赤外線としてのエネルギー）、及び CO_2 ガスの運動エネルギー（CO_2 分子の振動、回転、並進運動のエネルギーの和。飛行できるので光波に相当する。）に対応している。基礎代謝エネルギーは、宇宙論での凍結エネルギーに相当する。

　脈を打つことを生命活動とすると、物質も生きている。（１４－２）式をその物質の体積 V で割ると、（１４－５）式となる。

$$\frac{M}{V} = \rho = \frac{1}{C^2}\left(\frac{E_K}{V}\right) = \frac{k_B}{C^2}\left(\frac{T}{V}\right) = \left(\frac{h}{C^2}\right)\frac{f_1 n}{V} \tag{14-5}$$

密度 ρ (kg/m^3) が、その物質のエネルギー密度の大きさ(E_K/V)と直結している。物質の脈拍数($f_1 n$)は、（１４－３）式に示してあるが、温度に依存する。f_1=1 Hz (1/s) を基準振動数に取ると、例えば T=273 K（0 ℃）では、$f_1 n = 5.68839 \times 10^{12}$ Hz となる。10^{12} Hz （テラヘルツ、THz）は赤外線の振動数域（3-30 THz）に対応している。これは、物質中の原子間結合の振動数（格子振動、フォノン）に一致している。したがって、物質の生命活動は、宇宙に分布している赤外線を吸収し、それを自身の格子振動のエネルギーに変換し（赤外線の固定化、定常波）、温度が上昇するとそのエネルギーを熱エネルギーとして放出していることになる。（１４－３）と（１４－５）式より、物質がおかれる温度が指定されると、単位体積中に蓄積できるエネルギーは指定される。その温度でそれ以上のエネルギーが入ると、それらは放出される。これが脈を打ったことに相当する。人間を含めた生命維持活動から放出された熱エネルギーは、物質に吸収されてその生命活動（格子振動）に使われ、不要になると再び、熱エネルギーとして放出される。すなわち、宇宙の中に存在する物質、熱エネルギー、光波、凍結エネルギーの間にエネルギー循環プロセス（生命維持活動）が成立し、その結果、前宇宙から現宇宙に引き継がれたエネルギーが一定に保たれている。

あとがき

　固体の熱伝導度を考えたことが、宇宙生成のしくみを考えることにつながった。本内容は著者の許される知識下で、そのしくみを解析したものである。宇宙論を専門としない者の暴挙かもしれない。人類がこれまで築き上げた科学の原理、原則は美しく、正しい。それらの知性に加えて、本書ではこれまでにない新たな物理量の関係が導入された。それなりに正しいと信じている。宇宙を考えた時、$E_{p, n=0}$ の小さな光子が動いたことから前宇宙が始まり、現宇宙へそのエネルギーが移された。それは大きな愛というべき宇宙の熱情が、降り注がれた瞬間である。物質等を含めた現宇宙の全存在物の生命活動が、お互いに密接にエネルギー循環プロセスを形成しているとの結論に達した。前宇宙も現宇宙も冷たい世界ではない。現宇宙は、前宇宙の光波から生み出された全存在物が生き生きと活動し、そして素晴らしい調和をとっている世界である。このような宇宙の中の一員として、存在していることを著者はありがたく、また幸せに思っている。宇宙は素晴らしいところ故、全存在物を大切にしつつ、この素晴らしい調和が長く続いて欲しい。本書の発端となった熱伝導度の論文をこの後ろに添付する。興味ある読者は一読されたい。ここで、筆をおく。

　２０２１年１０月１０日

　　　　　　　　　　　　　　　　　　　　　　　　　　　　平田　好洋

September 18, 2021 (Full paper)

Theoretical Model of Temperature Dependence of Thermal Conductivity

Yoshihiro Hirata

Graduate School of Science and Engineering, Kagoshima University

1-21-40 Korimoto, Kagoshima 890-0065, Japan

E-mail   k7501487@kadai.jp

Abstract

This paper attempted to express theoretically the temperature dependence of thermal conductivity (κ) of insulators. The derived κ is expressed by the temperature function of C_v/E_K ratio (C_v: specific heat capacity under constant volume, E_K: kinetic energy of phonon). When Einstein's formula of C_v is used, the calculated C_v/E_K curve shows a sharp increase around a low critical temperature and decreases gradually over the critical temperature. The feature of the derived C_v/E_K curve with temperature is accordance with the observed tendency of κ with temperature. The sharp increase of the C_v/E_K ratio is caused by the decrease of both the C_v and E_K values to 0 when temperature approaches 0 K. In the high temperature range where C_v approaches 3R (R: gas constant), the increase in E_K with temperature causes the decrease of thermal diffusivity (α), leading to the decrease of $\kappa (= C_v\alpha)$. The decrease of $\alpha (= (1/3) v L$, v: velocity of phonon, L: mean free path of phonon) is explained by the decrease of the velocity of phonon due to the heavy interaction of phonon with other phonons, electrons, grain boundaries, or structural defects. However, the derived model suggests negligible influence of temperature on L. The influence of f (frequency of lattice vibration) on temperature dependence of κ is also discussed.

Key words: Thermal conductivity, Temperature dependence, Theory, Phonon, Specific heat capacity, Thermal diffusivity, Mean free path

1. Introduction

Thermal conductivity (κ, J/smK) of ceramics, metals, semiconductors or organic polymers controls the transport of thermal energy within the material. For instance, a low thermal conductivity is required for refractory ceramics at a high temperature to prevent the leak of thermal energy on the outside. In the device of electric circuit, a substrate with high thermal conductivity and low electric conductivity is used to suppress the increase of device temperature produced from Joule effect. The κ value is closely related to the product of $C_V \alpha$ (C_V: specific heat capacity under constant volume, J/m^{3}K, α: thermal diffusivity, m^2/s). The α value is also expressed by (1/3) vL, where v (m/s) is the velocity of conveyer of thermal energy (lattice vibration (phonons) in insulators or electrons in metals). L is the mean free path of phonons or electrons. The temperature dependence of κ of insulators[1], semiconductors[2], metals[2], and metal carbides[3, 4, 5] is reported to show a maximum at a significantly low temperature (peak temperature < 50 K). In the lower temperature range below the peak temperature, the influence of C_V is mainly reflected in κ where v or L is believed to have a small dependence on temperature. In the higher temperature range over the peak temperature, it is explained that L is a dominant factor which decreases in proportional to 1/T (T: temperature, K)[1, 2].

However, concise theoretical expression of κ as a function of T has not been established. This type of theoretical model is very important to evaluate or to predict the transport of thermal energy at a given temperature. This paper attempted to construct the theoretical equation of temperature dependence of κ for insulators. The derived equation for the movement of phonons explains well the change in thermal conductivity with temperature as observed in literatures.

2. Reported properties of phonons

General text books or papers describe the relation of I (flux of energy across material, J/sm^2), κ, dT/dx (temperature gradient along one direction), E (density of energy conveyed through material, J/m^3) by the following equation [1), 2), 3)].

$$I = Ev = -\alpha\frac{dE}{dx} = -(C_v\alpha)\frac{dT}{dx} = -\kappa\frac{dT}{dx} = -\left(\frac{1}{3}C_vLv\right)\frac{dT}{dx} \qquad (1)$$

The thermal energy input into a material by Eq. (1) is conveyed by the migration of lattice vibration from a high temperature region to a low temperature region. The migration rate of lattice vibration of a harmonic oscillator with atomic mass, m (kg) and force constant, k (N/m) of spring is also reported in our previous papers [6), 7)] and shown in Eq. (2).

$$v = \sqrt{\frac{k}{m}}\left(\frac{\lambda}{2\pi}\right) = A\omega = A2\pi f = \lambda f \qquad (2)$$

The λ is the wave length of a sine curve expressing time dependence of lattice vibration and equal to the length of a circle of radius A, $2\pi A$. The $(k/m)^{1/2}$ represents the angular velocity, ω $(= 2\pi f, f(1/s)$: frequency of lattice vibration). The density of energy (E) conveyed is expressed by Eq. (3) with ρ (density, kg/m^3), A and ω.

$$E = \frac{1}{2}\rho(A\omega)^2 \qquad (3)$$

As seen in Eq. (1), κ is equal to Ev at unit temperature gradient (dT/dx=1 K/m). For instance, diamond is known to have the highest κ owing to the highest $\rho\omega^2$ in Eq. (3) but its A is far smaller than the A of metal such as Au, Ag or Cu [6)]. We discuss more the properties of phonon in a next section.

3. Advanced expression of thermal conductivity

3.1 Expression with properties of atoms in material

Coupling of Eq. (1) with Eq. (3) leads to Eq. (4) and (5).

$$I = Ev = \frac{1}{2}\rho(A\omega)^2 v = -\frac{1}{3}C_v Lv\left(\frac{dT}{dx}\right) \tag{4}$$

$$\frac{A^2}{L} = -\frac{2C_v}{3\rho\omega^2}\left(\frac{dT}{dx}\right) \tag{5}$$

L is related to the relaxation time, τ (s) for the movement of phonons by Eq. (6).

$$L = v\tau = A\omega\tau \tag{6}$$

Substitution of Eq. (6) for Eq. (5) gives Eq. (7).

$$\frac{A\omega}{\tau} = \frac{v}{\tau} = -\frac{2}{3}\frac{C_v}{\rho}\left(\frac{dT}{dx}\right) \tag{7}$$

Equation (7) indicates the decrease of τ in the material with a high temperature gradient. The ratio of $A\omega/\tau$ (m/s^2) represents the acceleration of the movement of phonon through the vibration of atoms. The thermal stress, σ (Pa) applied to an atom with area, s (m^2) and the acceleration of phonon (Eq. (7)) are combined by the following Newton's equation.

$$\sigma s = m\left(\frac{A\omega}{\tau}\right) \tag{8}$$

Since the dimension of σ (N/m^2) is equivalent to that of E (J/m^3=Nm/m^3), Eq. (1), (7) and (8) are used to derive κ presented in Eq. (9) and (10).

$$I = Ev = \sigma v = -\left(\frac{2mvC_v}{3\rho s}\right)\frac{dT}{dx} = -\kappa\frac{dT}{dx} \tag{9}$$

$$\kappa = \frac{1}{3}(A\omega)\left(\frac{2m}{\rho s}\right)C_v = \frac{1}{3}(A\omega)(L)C_v \tag{10}$$

Equation (10) relates κ to the properties of atoms included in a material. The analysis of temperature dependence of κ is to investigate the factors or their product in Eq. (10) as a function of temperature.

From Eq. (10), L is expressed by Eq. (11).

$$L = \frac{2m}{s\rho} = \frac{2}{s}V \tag{11}$$

The V is the volume occupied by one vibrating atom in a material and this value is a constant in a harmonic oscillator model. If L decreases at a high temperature as described in Introduction, the ratio of V/s (m) becomes smaller. This means the increase in the size of atom with heating temperature and may be explained by the increased size of atomic orbital. The solutions of Schr $\ddot{o}$ dinger equation for hydrogen atom indicates apparently that the increase of the summation of potential energy and kinetic energy of one electron leads to the change of atomic orbital (s, p, d, f orbital), which is accompanied by the increase of the orbital size. A similar expansion of the combined orbitals in a solid material may be expected at a high temperature. This discussion is continued in section 5 although we have no reliable information about the size of atom with temperature at this moment.

3.2 Expression of thermal conductivity with density of energy

From Eq. (4) and (7), κ is expressed as follows.

$$\kappa = \frac{1}{3}C_v L v = \frac{1}{3}C_v v^2 \tau = C_v \left(-\frac{1}{2}\rho v^3 \frac{1}{C_v \left(\frac{dT}{dx}\right)} \right) = C_v \alpha \tag{12}$$

Equation (12) shows the interesting relation between α and $C_v (dT/dx)$. The deformation of Eq. (12) gives Eq. (13), which is in accordance with Eq. (1) and Eq. (3).

$$I = -\kappa \frac{dT}{dx} = \frac{1}{2}\rho v^3 = Ev \tag{13}$$

Another interesting information on E is derived from Eq. (9) and presented in Eq. (14).

$$E = -\frac{2m}{3\rho s}\left(C_v \frac{dT}{dx} \right) = -\frac{2m}{3\rho s}\frac{dE}{dx} \tag{14}$$

In Eq. (14), dE is equal to C_v dT, which is shown in Eq. (1). Substitution of Eq. (14) for Eq. (12) leads to Eq. (15).

$$\kappa = C_v \left[\frac{1}{2}\rho v^3 \frac{1}{-\left(\frac{dE}{dx}\right)} \right] = C_v \alpha \tag{15}$$

The deformation of Eq. (15) gives Eq. (16), which is the same expression as Eq. (1).

$$I = -\alpha \left(\frac{dE}{dx}\right) = \frac{1}{2}\rho v^3 \tag{16}$$

The important feature of Eq. (14) is that dE/dx is directly related to E and substitution of Eq. (14) for Eq. (15) gives Eq. (17).

$$\kappa = \frac{mv^3}{3s} \frac{C_v}{E}$$ (17)

The temperature dependence of κ is controlled by the temperature functions of v, s, C_v and E. The measurement of v of phonons in Eq. (17) with temperature is possible by use of ultrasonic waves[8), 9)]. The v value decreases gradually at high temperatures. The C_v value of material is well understood by Einstein formula or Debye formula and increases with increasing temperature[10)]. The thermal energy (E(T)) input into a material under constant volume is determined by Eq. (18).

$$E(T) = E(0\ K) + \int_0^T C_v\ dT$$ (18)

E (0 K) is the internal energy at T= 0 K. In a next section, we discuss the ratio of C_v /E in Eq. (17) as a function of T, which explains well the temperature dependence of observed κ.

4. Expression of temperature dependence of κ

In this paper, Einstein's formula[10)] is used to calculate C_v (Eq. (19)) and E (Eq. (20)) for simplicity.

$$C_v(J/mol\ K) = 3R\left\{ \frac{(\theta/2T)}{sinh(\theta/2T)} \right\}^2$$ (19)

$$E(J/mol) = 3R\theta\left\{ \frac{1}{2} + \frac{1}{exp(\theta/T) - 1} \right\}$$ (20)

The θ(K) is Einstein's characteristic temperature (θ= h f / k, h: Planck constant, 6.62607×10^{-34} Js, f: frequency of lattice vibration (1/s), k: Boltzmann constant, 1.38064×10^{-23} J/K). The value of $3R\theta/2$ (R: gas constant, 8.31446 J/mol K) corresponds to E (0 K) in Eq. (18). The difference of E(T) – E (0 K), when Debye's formula is used, does not differ appreciably from the value by Einstein's formula under the condition of θ (Einstein) = 0.73 θ (Debye's characteristic temperature). The difference in both the formulas for E(T) – E (0 K) is reported to about 2 % at T > (θ_D/3) [10].

The lattice vibration occurs in the region of wave length of infrared radiation (λ = 10 -100 μm)[11]. The corresponding frequency is 3-30 THz (THz:10^{12} Hz). As typical examples, two cases of f = 5 THz and 20 THz were calculated in a wide temperature range of 0-1473 K. Figure 1 shows C_v(T) normalized by 3R and E(T) for f = 5 THz and 20 THz. When f becomes lower, the C_v values approach 3R at lower temperatures. The E (0 K) value is small for a lower f. The E(T) increases with temperature but the difference in both E(T) values for 5 THz and 20 THz becomes small at a high temperature. The E(T) in Eq. (20) and in Fig.1 represents the summation of potential energy (E_P) and kinetic energy (E_K) of the lattice vibration of constitute atoms.

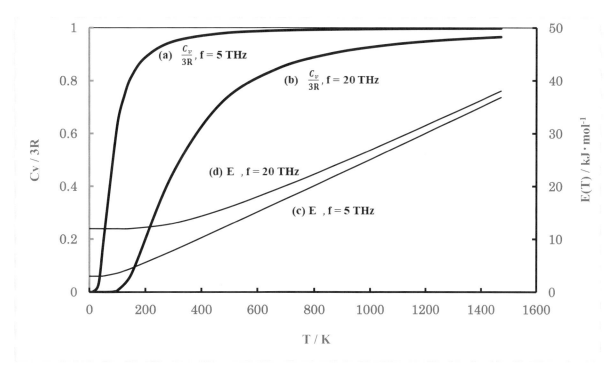

Fig.1 (a, b) Specific heat capacity (C_v) and (c, d) internal energy (E) under constant volume, calculated by Einstein's formula (Eq. (19) and (20)) in a wide temperature range of 0-1473 K.

The E_P and E_K correspond to E (0 K) and E(T) – E (0 K), respectively. The energy conveyed by phonons in Eq. (17) is equal to the difference of E(T) – E (0 K) (= E_K) in Fig.1.

The C_v/E_K ratios at f = 5 and 20 THz are shown in Fig.2. The C_v/E_K ratio curve shows a sharp increase at a low critical temperature. The critical temperatures for f = 5 THz and 20 THz are about 10-20 Kand 50-60 K, respectively. It is difficult to determine the exact critical temperature because of the significantly small values of C_V and E_K at low temperatures. The C_V/E_K ratio by Eq. (19) and (20) becomes an infinite value around the critical temperature because both the C_V and E_K values approach 0 with decreasing temperature. In the high temperature range where C_V approaches 3R (R: gas constant), the increase in E_K with temperature causes the decrease of C_V/E_K curve. When f becomes higher, the critical temperature shifts to a higher temperature and the C_V/E_K ratio is larger in the wide temperature range.

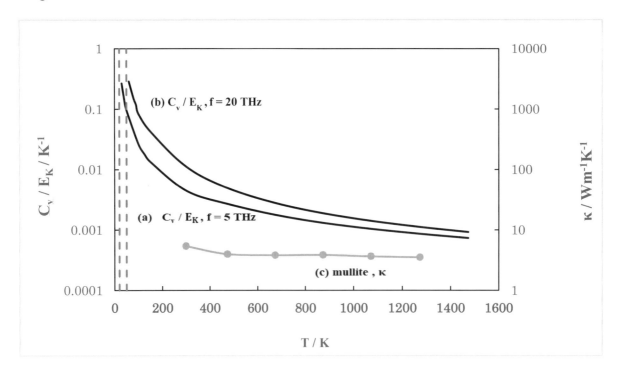

Fig.2 C_V/E_K ratio for f (frequency of lattice vibration) = 5 and 10 THz as a function of temperature. The thermal conductivity (κ) for dense mullite [12] is also plotted to compare with the feature of the theoretical model of κ.

The above calculation explains well the reported temperature dependence of κ. As one example, the κ values of dense mullite ceramics ($3Al_2O_3 \cdot 2SiO_2$, 3.226 g/cm^3 density, ~100 % relative density) reported in our paper)[12], are plotted in Fig. 2 to compare with the feature of the calculated C_V/E_K curve. As seen in Fig. 2, the κ values of dense mullite at T=298-1273 K shows decreased tendency with increasing temperature, which is well explained by the C_V/E_K curve.

5. Transport of thermal energy

From Eq. (14) and (15), α (thermal diffusivity) is expressed by Eq. (21) and L and v_K in Eq. (21) are expressed by Eq. (11) and Eq. (22), respectively.

$$\alpha = \frac{1}{3}\left(\frac{2m}{\rho s}\right)\left(\frac{\frac{1}{2}\rho v^3}{E_K}\right) = \frac{1}{3}Lv_K \tag{21}$$

$$v_K = \frac{\frac{1}{2}\rho v^3}{E_K} = \frac{I}{E_K} \tag{22}$$

As discussed in section 4, the temperature dependence of κ is controlled by the C_V/E_K ratio. The effect of E_K is included in α value (Eq. (21)). From Eq. (22), it is reasonable to define a reduced velocity of phonon (v_K), which contains the influence of E_K (kinetic energy). That is, α value decreases at a higher temperature owing to the increase of E_K shown in Eq. (21) and in Fig.1. From Eq. (22), the ratio of v_K and v is presented by Eq. (23).

$$\frac{v_K}{v} = \frac{(1/2)\rho v^2}{E_K} = \frac{E_K(v)}{E_K(v_K)} = J \tag{23}$$

Equation (23) relates the ratio of phonon velocities of v_K (reduced velocity, low speed phonon) and v (high speed phonon) with the ratio of kinetic energies of both types of phonons. The ratio of Eq. (23) is presented as J. The $E_K(v)$ represents the kinetic energy for phonon with no interaction between the migrating phonon and other phonons, electrons, grain boundaries, or point defects within the material[4),5)]. This no interaction leads to the short stay of phonon (high speed phonon) in a given size of material, giving J =1. However, the heavy interaction of phonon means the long stay of phonon within the material, resulting in the decrease of J. In this case, it is reasonable to divide $E_K(v_K)$ into two energies of $E_K(v)$ for v plus E_I of interaction energy of phonon with other phonons, electrons or structural defects of the material. Therefore, J is given by Eq. (24) and represents the degree of interaction of phonons.

$$J = \frac{v_K}{v} = \frac{E_K(v)}{E_K(v) + E_I} \tag{24}$$

The J ~ 0 indicates the heavy interaction of phonons, giving little migration of thermal energy due to the relation of $E_I >> E_K(v)$. Coupling Eq. (24) with Eq. (21) yields Eq. (25).

$$\alpha = \frac{1}{3} Lv \left(\frac{E_K(v)}{E_K(v) + E_I} \right) = \alpha_0 J \tag{25}$$

The observed α represents the product of J and α_0 (=(1/3)Lv) for J = 1 (E_I=0). The condition of J =1 indicates the fast migration of thermal energy at v of velocity and J = 0 means no leak of thermal energy stored in the material. The κ value is also related to J by Eq. (26).

$$\kappa = C_v \alpha = C_v \alpha_0 J \tag{26}$$

The product of C_v J indicates the amount of diffusing thermal energy per unit temperature difference and α_0 is the diffusivity of phonon with no interaction. That is, κ value represents the leak rate of thermal energy stored in the material per unit length and unit temperature difference.

6. Temperature dependence of mean free path and relaxation time of phonons

The volume (V) occupied by one vibrating atom is derived from Eq. (11) and related to L (mean free path of phonons) and s (area of atom where a force is applied). That is, L is equivalent to the lattice size of solid defined by V and s. Differentiating Eq. (11) with respect to T provides Eq. (27) under constant volume.

$$\left(\frac{\partial V}{\partial T} \right)_V = \frac{1}{2} \left\{ s \left(\frac{\partial L}{\partial T} \right)_V + L \left(\frac{\partial s}{\partial T} \right)_V \right\} \tag{27}$$

In the harmonic oscillator model of solid, $(\partial V/\partial T)_V = (\partial L/\partial T)_V = 0$ is derived, resulting in $(\partial s/\partial T)_V = 0$. Therefore, V, L and s are independent of T in this model.

For non-symmetry potential energy of vibration of atom in a real material, the following

70

relation is discussed.

$$\left(\frac{\partial V}{\partial T}\right)_P = V_0 \alpha_T = \frac{1}{2}\left\{ s\left(\frac{\partial L}{\partial T}\right)_P + L\left(\frac{\partial s}{\partial T}\right)_P \right\}$$

$$= \frac{1}{2}\left\{ sL_0\beta + L\left(\frac{\partial s}{\partial T}\right)_P \right\} \tag{28}$$

The V_0, α_T and β represent the volume of solid at T= 0 K, volume thermal expansion coefficient and linear thermal expansion coefficient, respectively. For an isotropic material, the following relations are derived with a temperature-independent β: $\alpha_T = 3\beta$ and $L = L_0 (1 + \beta T)$. These relations are substituted for Eq. (28), giving Eq. (29) and (30).

$$2\beta sL_0 = L_0(1 + \beta)\left(\frac{\partial s}{\partial T}\right)_P \sim L_0\left(\frac{\partial s}{\partial T}\right)_P \tag{29}$$

$$\frac{1}{s}\left(\frac{\partial s}{\partial T}\right)_P \sim 2\beta \tag{30}$$

In Eq. (29), general β values of ceramic materials are in the range of 1×10^{-6}-1×10^{-5} m/mK and $(1+\beta)$ is well approximated to unity. That is, the magnitude of expansion of volume, area and length per unit temperature are the order of 3β, 2β and β, respectively, giving good approximation for treating V, L and s as temperature-independent constant values under a constant volume of solid material or under constant atmospheric pressure for a real material.

Based on the above discussion, coupling of Eq. (6) and (23) gives the following relation between mean free paths for no interaction of phonons (L) and for interacting phonons (L_K).

$$L = v\tau = L_K = v_K \tau_K \tag{31}$$

$$\frac{v_K}{v} = \frac{\tau}{\tau_K} = J \tag{32}$$

Equation (31) and (32) indicate that increase of temperature affects negligibly L but causes the decease of v_K and increase of τ_K.

7. Conclusions

This paper tried to express the theoretical equation of temperature dependence of thermal conductivity of insulators. The derived thermal conductivity is related to the ratio of specific heat capacity (C_v) to kinetic energy (E_K) of lattice vibration, C_v/E_K, which shows a sharp increase at a significantly low critical temperature (< 50 K) and decreases over the critical temperature. The feature of the derived C_v/E_K curve with temperature is accordance with the observed tendency of κ with temperature. When the frequency of lattice vibration becomes higher, the critical temperature for C_v/E_K ratio shifts to a higher temperature and gives a lager value of C_v/E_K ratio.

The theoretical C_v/E_K ratio becomes an infinite value around the critical temperature because both the C_v and E_K values approach 0 with decreasing temperature. In the high temperature range where C_v approaches 3R (R: gas constant), the increase in E_K with temperature causes the decrease of thermal diffusivity (α), leading to the gradual decrease of κ ($= C_v\,\alpha$). The decrease of α ($= (1/3)\,v\,L$, v: velocity of phonon, L: mean free path of phonon) is explained by the decrease of the velocity of phonons due to the heavy interaction of moving phonon with other phonons, electrons, grain boundaries, or structural defects. However, the derived model suggests negligible influence of temperature on L and causes the increase of relaxation time (τ) in the relation of $L = v\,\tau$ at a high temperature.

References

(1) C. Kittel, "Introduction to Solid State Physics", John Wiley & Sons, New York (1986) pp. 99-124, pp.150-153.

(2) W. D. Kingery, H. K. Bowen, D. R. Uhlmann, "Introduction to Ceramics", John Wiley & Sons, New York (1976) pp.612-627.

(3) W. S. Williams, J. Minerals, Metals & Materials Soc., June, 62-66 (1998).

(4) L. G. Radosevich and W. S. Williams, Phys. Rev., 181 (3), 1110-1117 (1967).

(5) L. G. Radosevich and W. S. Williams, J. Am. Ceram. Soc., 53 (1), 30-33(1970).

(6) Y. Hirata, Ceram. Inter., 35, 3259-3268 (2009).

(7) Y. Hirata, Ceram. Inter., 46, 10130-10134 (2020).

(8) H. Iwasaki, "Mechanical Properties of Ceramics (Japanese)", Ed. by T. Hanazawa, H. Abe, S. Udagawa, K. Komeya, G. Toda, The Ceramic Society of Japan, Tokyo (1979) pp.115-136.

(9) R. J. Bruls, H. T. Hintzen, G.de With, R. Metselaar, J. Eur. Ceram. Soc., 21, 263-268 (2001).

(10) E. A. Guggenheim, "Thermodynamics, An Advanced Treatment for Chemists and Physicists", Elsevier Science Publishers B.V., New York (1985) pp.112-117.

(11) T. Arakawa, M. Egashira, S. Sameshima, Y.Hirata, Y. Matsumoto, H. Muraishi, "Inorganic Materials Chemistry", Sankyo Shuppan, Tokyo (2021) pp.62-72.

(12) Y. Hirata, T. Shimonosono, S. Itoh, S. Kiritoshi, Ceram. Inter., 43, 10410-10414 (2017).

■著者略歴

平田　好洋　（ひらた　よしひろ）
1953年　鹿児島市に生まれる
1972年　県立鹿児島中央高等学校卒業
1976年　鹿児島大学工学部応用化学科卒業
1978年　鹿児島大学大学院工学研究科修士課程応用化学専攻修了
1981年　九州大学大学院工学研究科博士課程応用化学専攻単位取得満期退学
　　　　（1983年工学博士号取得九州大学）
1981年－1987年　鹿児島大学工学部助手
1985年－1987年　ワシントン大学材料科学工学科博士研究員
1987年－1989年　鹿児島大学工学部講師
1989年－1994年　鹿児島大学工学部助教授
1994年－2002年　鹿児島大学工学部教授
2002年－2019年　鹿児島大学大学院理工学研究科教授
2019年　　　　　鹿児島大学定年退職。鹿児島大学名誉教授

研究内容　ムライトセラミックスの合成、炭化ケイ素セラミックスの合成、高イオン導電性セラミックス、固体酸化物形燃料電池、コロイドプロセッシング、複合材料、バイオガス改質、熱物性

受賞歴
・1997年日本セラミックス協会第51回学術賞
・1998年米国セラミックス学会第21回フルラース賞
・2013年耐火物技術協会若林論文賞
・2018年公益社団法人日本セラミックス協会フェロー表彰
・2019年かぎん文化財団賞

エネルギーから見た宇宙のしくみ

発　行　日	2022 年 1 月 20 日　第 1 刷発行
著　　　者	平田　好洋
発　行　者	向原祥隆
発　行　所	株式会社　南方新社
	〒890-0873　鹿児島市下田町 292-1
	電話　099-248-5455
	振替口座　02070-3-27929
	URL　http://www.nanpou.com/
	e-mail　info@nanpou.com

印刷・製本　株式会社イースト朝日